Strick · Wurl

Formelsammlung

Mathematik für Gymnasien

Schroedel Schulbuchverlag

Mengenverknüpfungen

Die **Vereinigungsmenge** $\mathbf{A \cup B}$ (A vereinigt mit B) ist die Menge aller Elemente, die zu A **oder** zu B oder zu beiden gehören.

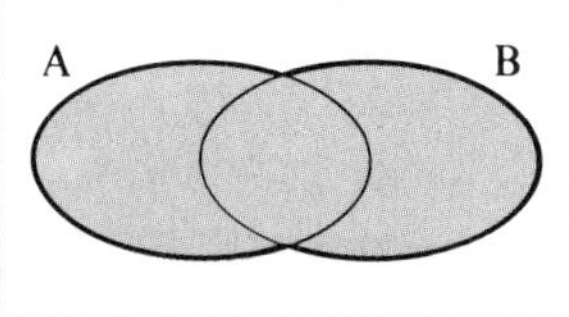

$A \cup B = \{x \mid x \in A \vee x \in B\}$

Die **Schnittmenge** $\mathbf{A \cap B}$ (A geschnitten mit B) ist die Menge aller Elemente, die zu A **und** (gleichzeitig) zu B gehören.

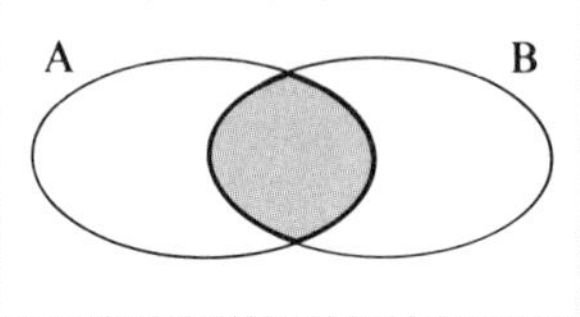

$A \cap B = \{x \mid x \in A \wedge x \in B\}$

Die **Differenzmenge** $\mathbf{A \setminus B}$ (A ohne B) ist die Menge aller Elemente, die zu A, aber nicht zu B gehören.

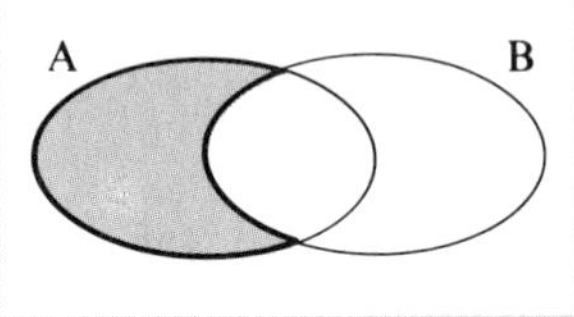

$A \setminus B = \{x \mid x \in A \wedge x \notin B\}$

Die **Produktmenge** $\mathbf{A \times B}$ (A kreuz B) ist die Menge aller Paare, deren erstes Glied zu A und deren zweites Glied zu B gehört: $A \times B = \{(x \mid y) \mid x \in A \wedge y \in B\}$

Die Menge $\mathbb{R}$ und wichtige Teilmengen

$\mathbb{N} = \{0, 1, 2, 3, 4, \ldots\}$	Menge der natürlichen Zahlen
$\mathbb{N}^* = \{1, 2, 3, 4, 5, \ldots\}$	Menge der natürlichen Zahlen ohne Null (nach DIN)
$\mathbb{P} = \{2, 3, 5, 7, 11, \ldots\}$	Menge der Primzahlen (Zahlen mit genau zwei Teilern)
$\mathbb{Z} = \{\ldots, -2, -1, 0, 1, 2, \ldots\}$	Menge der ganzen Zahlen
$\mathbb{Q} = \left\{\frac{a}{b} \middle| a \in \mathbb{Z} \wedge b \in \mathbb{N}^*\right\}$	Menge der rationalen Zahlen
$\mathbb{J}$	Menge der irrationalen Zahlen (darstellbar als nicht-periodische, nicht-abbrechende Dezimalbrüche)
$\mathbb{R} = \mathbb{Q} \cup \mathbb{J}$	Menge der reellen Zahlen
$\mathbb{Z}^* (\mathbb{Q}^*, \mathbb{R}^*)$	Menge der ganzen (rationalen, reellen) Zahlen ohne Null

Intervalle sind spezielle Teilmengen von $\mathbb{R}$.

a) abgeschlossenes Intervall von a bis b

$[a, b] = \{x \in \mathbb{R} \mid a \leq x \leq b\}$

b) offenes Intervall von a bis b

$]a, b[= \{x \in \mathbb{R} \mid a < x < b\}$

c) rechtsoffenes Intervall von a bis b

$[a, b[= \{x \in \mathbb{R} \mid a \leq x < b\}$

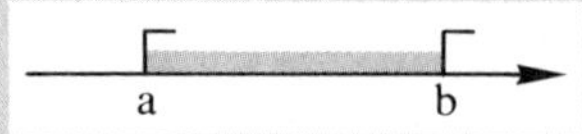

d) linksoffenes Intervall von a bis b

$]a, b] = \{x \in \mathbb{R} \mid a < x \leq b\}$

e) offenes Intervall von $-\infty$ bis a

$]-\infty, a[= \{x \in \mathbb{R} \mid x < a\}$

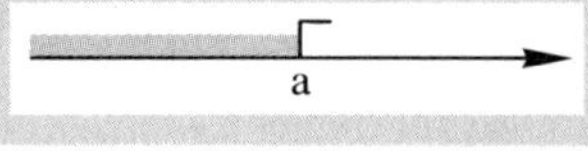

f) rechtsoffenes Intervall von a bis $+\infty$

$[a, +\infty[= \{x \in \mathbb{R} \mid a \leq x\}$

Teiler und Vielfache natürlicher Zahlen

a heißt **Teiler** von b, wenn es eine natürliche Zahl n gibt, so daß $a \cdot n = b$ gilt.

a heißt **Vielfaches** von b, wenn b ein Teiler von a ist.

ggT (a, b) ist der größte gemeinsame Teiler der Zahlen a und b.
kgV (a, b) ist das kleinste gemeinsame Vielfache der Zahlen a und b.
Für alle natürlichen Zahlen a und b gilt: $ggT(a, b) \cdot kgV(a, b) = a \cdot b$

Der ggT zweier Zahlen und das kgV zweier Zahlen lassen sich mit Hilfe der *Primfaktorzerlegung* bestimmen.

$$24 = \boxed{2} \cdot \boxed{2} \cdot 2 \cdot \boxed{3}$$
$$36 = \boxed{2} \cdot \boxed{2} \cdot 3 \cdot \boxed{3}$$
$$ggT(24, 36) = 2 \cdot 2 \cdot 3$$

$$24 = \boxed{2 \cdot 2 \cdot 2} \cdot 3$$
$$36 = 2 \cdot 2 \cdot \boxed{3 \cdot 3}$$
$$kgV(24, 36) = 2 \cdot 2 \cdot 2 \cdot 3 \cdot 3$$

Bruchrechnung

Erweitern mit einer natürlichen Zahl c:

$$\frac{a}{b} = \frac{a \cdot c}{b \cdot c}$$

Kürzen durch einen gemeinsamen Teiler c von Zähler und Nenner:

$$\frac{a}{b} = \frac{a : c}{b : c}$$

Addition (Subtraktion)

gleichnamiger Brüche: $\frac{a}{b} + \frac{c}{b} = \frac{a + c}{b}$ $\quad \frac{a}{b} - \frac{c}{b} = \frac{a - c}{b}$

ungleichnamiger Brüche:
(1) Das kgV beider Nenner wird bestimmt (Hauptnenner).
(2) Beide Brüche werden auf den Hauptnenner erweitert.
(3) Es wird wie bei gleichnamigen Brüchen verfahren.

Multiplikation (Division) mit einer ganzen Zahl:

$$\frac{a}{b} \cdot c = \frac{a \cdot c}{b}$$

$$\frac{a}{b} : c = \frac{a : c}{b} \quad \text{oder} \quad \frac{a}{b} : c = \frac{a}{b \cdot c}$$

Multiplikation (Division) mit Brüchen:

$$a \cdot \frac{b}{c} = \frac{a \cdot b}{c} \qquad \frac{a}{b} \cdot \frac{c}{d} = \frac{a \cdot c}{b \cdot d}$$

$$a : \frac{b}{c} = a \cdot \frac{c}{b} = \frac{a \cdot c}{b} \qquad \frac{a}{b} : \frac{c}{d} = \frac{a}{b} \cdot \frac{d}{c} = \frac{a \cdot d}{b \cdot c}$$

Soll ein Bruch als Dezimalzahl geschrieben werden, so dividiert man den Zähler durch den Nenner. Geht die Division nicht auf, dann erhält man einen *periodischen* Dezimalbruch.

Zahlverknüpfungen

Term	Operation	a	b	Ergebnis
$a + b$	addieren	Summand	Summand	Summe
$a - b$	subtrahieren	Minuend	Subtrahend	Differenz
$a \cdot b$	multiplizieren	Faktor	Faktor	Produkt
$a : b$	dividieren	Dividend	Divisor	Quotient
a^b	potenzieren	Basis	Exponent	Potenz
$\sqrt[b]{a}$	radizieren	Radikand	Wurzelexponent	Wurzel

Rechnen mit positiven und negativen Zahlen

Betrag einer Zahl: $|a| = \begin{cases} a, & \text{wenn } a \geq 0 \\ -a, & \text{wenn } a < 0 \end{cases}$

(1) $|a + b| \leq |a| + |b|$

(2) $|a + b| \geq ||a| - |b||$

Gegenzahl: Zwei Zahlen heißen Gegenzahlen zueinander, wenn sie denselben Betrag und verschiedene Vorzeichen haben. 0 ist die Gegenzahl zu sich selbst.

Addieren und Subtrahieren

$$a - b = -b + a = \begin{cases} +(a - b) & \text{bei } a > b \\ -(b - a) & \text{bei } b > a \end{cases}$$

$$-a - b = -(a + b)$$

$$a - (-b) = +(a + b)$$

$$-a - (-b) = -a + b$$

Multiplizieren und Dividieren

$$a \cdot (-b) = -ab \qquad a : (-b) = -\frac{a}{b}$$

$$-a \cdot b = -ab \qquad -a : b = -\frac{a}{b}$$

$$-a \cdot (-b) = +ab \qquad -a : (-b) = +\frac{a}{b}$$

Termumformungen

Kommutativgesetze:	(1) $a + b = b + a$	(2) $a \cdot b = b \cdot a$
Assoziativgesetze:	(1) $a + (b + c) = (a + b) + c$	(2) $a \cdot (b \cdot c) = (a \cdot b) \cdot c$
Distributivgesetz:	$a \cdot (b + c) = a \cdot b + a \cdot c$	
Multiplikation von Summen:	$(a + b) \cdot (c + d) = a \cdot c + b \cdot c + a \cdot d + b \cdot d$	
Binomische Formeln:	$(a + b)^2 = a^2 + 2ab + b^2$	$(a \pm b)^3 = a^3 \pm 3a^2b + 3ab^2 \pm b^3$
	$(a - b)^2 = a^2 - 2ab + b^2$	[Verallgemeinerung siehe Seite 24]
	$(a + b)(a - b) = a^2 - b^2$	$a^3 - b^3 = (a - b)(a^2 + ab + b^2)$

Zwei Terme heißen *einsetzungsgleich* (äquivalent), wenn sie bei allen Einsetzungen, für die beide Terme definiert sind, dieselbe Zahl liefern.

Gleichungen und Ungleichungen

Zwei Gleichungen (Ungleichungen) mit derselben Grundmenge G und derselben Variablen heißen *äquivalent bezüglich G*, wenn sie dieselbe Lösungsmenge L besitzen.

Eine Gleichung (Ungleichung) mit der Grundmenge G heißt
- *erfüllbar* bezüglich G, wenn $L \neq \{\ \}$
- *allgemeingültig* bezüglich G, wenn $L = G$
- *unerfüllbar* bezüglich G, wenn $L = \{\ \}$.

(1) Man formt eine Gleichung (Ungleichung) äquivalent um, wenn man
   a) Terme durch einsetzungsgleiche Terme ersetzt,
   b) auf beiden Seiten denselben Term addiert (Bedingung: Er darf nur die in der Gleichung bzw. Ungleichung auftretende Variable enthalten und muß für die gesamte Grundmenge definiert sein),
   c) auf beiden Seiten mit derselben positiven Zahl multipliziert oder durch sie dividiert.

(2) Man formt eine Gleichung äquivalent um, wenn man auf beiden Seiten mit derselben negativen Zahl multipliziert oder durch sie dividiert.

(3) Man formt eine Ungleichung äquivalent um, wenn man auf beiden Seiten mit derselben negativen Zahl multipliziert oder durch sie dividiert und das Ungleichheitszeichen „umkehrt“.

Potenzen und Wurzeln

Potenzen mit natürlichen Exponenten

$a^1 = a \qquad a^n = \underbrace{a \cdot a \cdot \ldots \cdot a}_{\text{n Faktoren a}}$

Potenzrechnung bindet stärker als Punktrechnung und als Strichrechnung.

Potenzen mit ganzzahligen Exponenten

$a^0 = 1$ für alle $a \neq 0$ $\qquad a^{-n} = \frac{1}{a^n}$ für alle $n \in \mathbb{N}$, $a \neq 0$

Wurzeln mit natürlichen Wurzelexponenten

$\sqrt[n]{a}$ mit $a > 0$ ist diejenige positive Zahl b, für die gilt: $b^n = a$

Potenzen mit gebrochenen Exponenten

$a^{\frac{m}{n}} = \sqrt[n]{a^m}$, Sonderfall: $a^{\frac{1}{n}} = \sqrt[n]{a}$ $\qquad$ Es gilt: $\sqrt[n]{a^m} = (\sqrt[n]{a})^m$

Potenzgesetze

Die Potenzgesetze gelten für beliebige Exponenten bei Basen aus $\mathbb{R}^+$. Für ganzzahlige Exponenten gelten sie bei Basen aus $\mathbb{R}^*$.

(1) $a^p \cdot a^r = a^{p+r}$

(2) $a^p : a^r = a^{p-r}$

(3) $a^p \cdot b^p = (a \cdot b)^p$

(4) $a^p : b^p = (a : b)^p$

(5) $(a^p)^r = a^{pr}$

Für Exponenten der Form $\frac{1}{n}$ mit $n \in \mathbb{N}^*$ können die nebenstehenden Gesetze auch als *Wurzelgesetze* geschrieben werden:

(1) $\sqrt[n]{a} \cdot \sqrt[m]{a} = \sqrt[n \cdot m]{a^{m+n}}$

(2) $\sqrt[n]{a} : \sqrt[m]{a} = \sqrt[n \cdot m]{a^{m-n}}$

(3) $\sqrt[n]{a} \cdot \sqrt[n]{b} = \sqrt[n]{ab}$

(4) $\sqrt[n]{a} : \sqrt[n]{b} = \sqrt[n]{a : b}$

(5) $\sqrt[n]{\sqrt[m]{a}} = \sqrt[n \cdot m]{a}$

Logarithmen

$\log_a b$ (Logarithmus der Zahl b zur Basis a) mit $a > 0$, $a \neq 1$, $b > 0$ ist diejenige Zahl c, für die gilt: $a^c = b$.
Für alle $a > 0$, $a \neq 1$ gilt: $\log_a 1 = 0$

Zehnerlogarithmus: $\lg b = \log_{10} b$

natürlicher Logarithmus: $\ln b = \log_e b$ mit $e = 2{,}718281\ldots$

Logarithmengesetze

(1) $\log_a(b \cdot c) = \log_a b + \log_a c$

(2) $\log_a(b : c) = \log_a b - \log_a c$
Sonderfall: $\log_a \frac{1}{c} = -\log_a c$

(3) $\log_a(b^r) = r \cdot \log_a b$
Sonderfall: $\log_a(\sqrt[n]{b}) = \frac{1}{n} \cdot \log_a b$

Berechnung von beliebigen Logarithmen (z. B. mit dem Taschenrechner) aus Logarithmen der Basis 10 bzw. e:
Für alle $a, b, c > 0$ und $a \neq 1$, $c \neq 1$ gilt:

$$\log_a b = \frac{\log_c b}{\log_c a}$$

Bsp.: $\log_7 12 = \frac{\ln 12}{\ln 7} \qquad \log_2 121 = \frac{\lg 121}{\lg 2}$

Systeme linearer Gleichungen mit zwei Variablen

Ein System von zwei linearen Gleichungen mit zwei Variablen hat genau **ein** Lösungspaar, wenn die Graphen der einzelnen Lösungsmengen (Geraden) nicht parallel oder gleich sind.

Additionsverfahren

Zunächst werden beide Gleichungen des Systems in die Form $ax + by = c$ gebracht (Termumformungen). Dann werden die Gleichungen so multipliziert, daß für eine Variable Term und Gegenterm auftreten. Anschließend werden die Gleichungen addiert; die neue Gleichung mit einer Variablen wird gelöst.
Durch Einsetzen in eine der Gleichungen I bzw. II wird die andere Variable bestimmt.

Beispiel:

$$\begin{array}{lrl} \text{I} & 2x + 3y = 31 & |\cdot 4 \\ \text{II} & 5x - 4y = -3 & |\cdot 3 \\ \text{I} & 8x + 12y = 124 & \\ \text{II} & 15x - 12y = -9 & \\ \hline & 23x = 115 & \Leftrightarrow x = 5 \\ \text{in I:} & 2 \cdot 5 + 3y = 31 & \Leftrightarrow 3y = 21 \\ & & \Leftrightarrow y = 7 \\ & & \mathbb{L} = \{(5|7)\} \end{array}$$

Einsetzungsverfahren

Eine Gleichung des Systems wird nach einer Variablen aufgelöst. Der Term für diese Variable wird in die andere Gleichung eingesetzt. Die entstehende Gleichung mit einer Variablen wird gelöst.
Durch Einsetzen in die anfangs aufgelöste Gleichung kann nun die andere Variable bestimmt werden.

$$\begin{array}{ll} \text{I} & 2x + 3y = 31 \quad \Leftrightarrow x = \frac{31 - 3y}{2} \\ \text{II} & 5x - 4y = -3 \\ \text{I in II:} & 5 \cdot \frac{31 - 3y}{2} - 4y = -3 \\ & \Leftrightarrow 155 - 15y - 8y = -6 \\ & \Leftrightarrow -23y = -161 \\ & \Leftrightarrow y = 7 \\ \text{in I:} & x = \frac{31 - 21}{2} = 5 \qquad \mathbb{L} = \{(5|7)\} \end{array}$$

Quadratische Gleichungen

Eine Gleichung der Form $ax^2 + bx + c = 0$ mit $a \neq 0$ heißt quadratische Gleichung. Dividiert man die Gleichung durch a, so erhält man die **Normalform** $x^2 + px + q = 0$.

Die quadratische Gleichung $x^2 + px + q = 0$ (Normalform) mit $\left(\frac{p}{2}\right)^2 > q$ hat die beiden Lösungen:

$$x_1 = -\frac{p}{2} + \sqrt{\left(\frac{p}{2}\right)^2 - q}$$

$$x_2 = -\frac{p}{2} - \sqrt{\left(\frac{p}{2}\right)^2 - q}$$

Für den *Sonderfall* $\left(\frac{p}{2}\right)^2 = q$ erhält man als einzige Lösung $x = -\frac{p}{2}$.

Für den Fall $\left(\frac{p}{2}\right)^2 < q$ existiert keine Lösung (in $\mathbb{R}$).

Bsp.:

$x^2 + 5x - 24 = 0$	$y^2 - 6y + 9 = 0$	$z^2 + 8z + 31 = 0$
$x_{1,2} = -\frac{5}{2} \pm \sqrt{\frac{25}{4} + 24}$	$y_{1,2} = 3 \pm \sqrt{9 - 9}$	$z_{1,2} = -4 \pm \sqrt{16 - 31}$
$\mathbb{L} = \{3; -8\}$	$\mathbb{L} = \{3\}$	$\mathbb{L} = \{\ \}$

Satz des VIETA: x_1 und x_2 sind genau dann Lösungen der quadratischen Gleichung $x^2 + px + q = 0$, wenn gilt: (1) $x_1 + x_2 = -p$ (2) $x_1 \cdot x_2 = q$

Prozent- und Promillerechnung

Prozentsatz: $p\,\% = \frac{p}{100}$

Promillesatz: $p\,‰ = \frac{p}{1\,000}$

Grundgleichung der Prozentrechnung:

$\frac{p}{100} = \frac{W}{G}$

G: Grundwert
W: Prozentwert
p %: Prozentsatz

Auflösung nach den Variablen:

$p = \frac{100 \cdot W}{G}$ $\quad W = \frac{G \cdot p}{100}$ $\quad G = \frac{100 \cdot W}{p}$

Grundgleichung der Promillerechnung:

$\frac{p}{1\,000} = \frac{W}{G}$ $\quad$ p ‰: Promillesatz

Vermehrter (verminderter) Grundwert $\overline{G}$ nach prozentualem Zuschlag (Abschlag):

$$\overline{G} = G \cdot \left(1 \pm \frac{p}{100}\right)$$

Bei Benutzung von Taschenrechnern ist es sinnvoll, Prozentsätze als Dezimalzahlen zu schreiben.

Beispiele:
15 % von 400 DM = 400 DM · 0,15
800 kg + 23 % von 800 kg = 800 kg · 1,23

Zinsrechnung, Zinseszinsen

Jahreszinsen: $Z = \frac{K \cdot p}{100}$

Tageszinsen: $Z_t = \frac{K \cdot p \cdot t}{100 \cdot 360}$

Monatszinsen: $Z_m = \frac{K \cdot p \cdot m}{100 \cdot 12}$

K: Kapital
Z: Zinsen
p %: Zinssatz
t: Anzahl der Tage
m: Anzahl der Monate

Ein Kapital K wächst bei p % Jahreszinsen in n Jahren unter Berücksichtigung der Zinseszinsen auf folgendes Kapital K_n an:

$K_n = K \cdot q^n$ $\quad$ mit $q = 1 + \frac{p}{100}$

q heißt **Zinsfaktor.**

$K = \frac{K_n}{q^n}$ $\quad q = \sqrt[n]{\frac{K_n}{K}}$ $\quad n = \frac{\lg K_n - \lg K}{\lg q}$

Rentenformeln, Schuldentilgungsformel

(1) Wird am Jahresende regelmäßig der Betrag r eingezahlt und mit p % p.a. verzinst, so beträgt das Kapital nach n Jahren: $K_n = \frac{r(q^n - 1)}{q - 1}$

(2) Wird am Jahresanfang regelmäßig der Betrag r eingezahlt und mit p % p.a. verzinst, so beträgt das Kapital nach n Jahren: $K_n = \frac{rq(q^n - 1)}{q - 1}$

(3) Ist der Betrag K vorhanden und wird er durch die Zuzahlung eines festen Betrages r jeweils am Jahresende vermehrt (durch Abhebung von r vermindert), so beträgt bei p % p. a. Zinsen das Kapital nach n Jahren: $K_n = K \cdot q^n \underset{(-)}{+} \frac{r(q^n - 1)}{q - 1}$

(4) Ist der Betrag K vorhanden und wird er durch die Zuzahlung eines festen Betrages r jeweils am Jahresanfang vermehrt (durch Abhebung von r vermindert), so beträgt bei p % p. a. Zinsen das Kapital nach n Jahren: $K_n = K \cdot q^n \underset{(-)}{+} \frac{rq(q^n - 1)}{q - 1}$

(5) Soll ein Darlehen D in n Jahren bei einem Zinssatz von p % p. a. durch regelmäßige Ratenzahlung r jeweils am Jahresende getilgt werden, so beträgt die Rate r: $r = \frac{D \cdot q^n(q - 1)}{q^n - 1}$

Einteilung der Winkel nach ihrer Größe

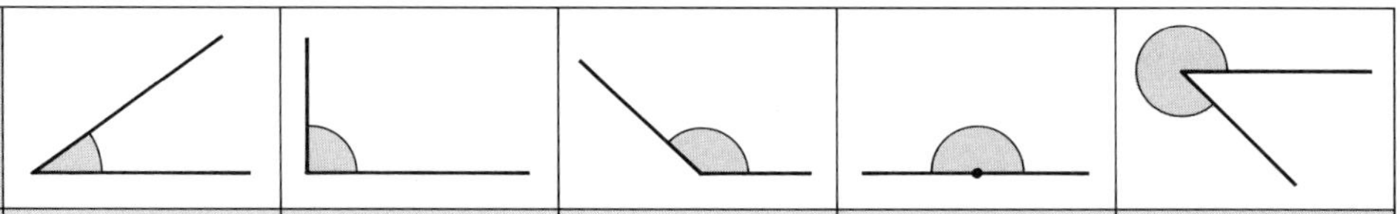

Name	spitzer W.	rechter W.	stumpfer W.	gestreckter W.	überstumpfer W.
Größe	kleiner als 90°	90°	zw. 90° und 180°	180°	mehr als 180°

Nebenwinkel, Scheitelwinkel, Wechselwinkel

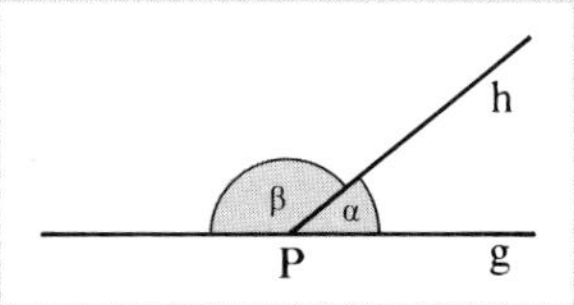

$\alpha + \beta = 180°$
Nebenwinkel ergänzen sich zu 180°.

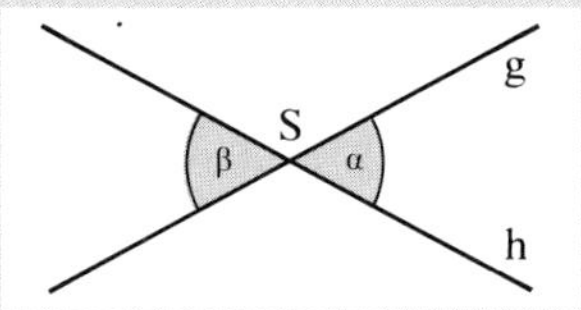

$\alpha = \beta$
Scheitelwinkel sind gleich groß.

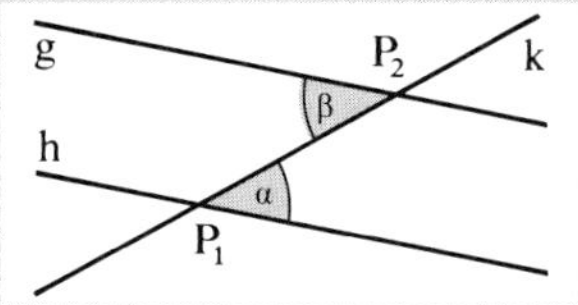

$\alpha = \beta$
Wechselwinkel sind gleich groß.

Winkelsumme im Dreieck, Viereck, ... n-Eck

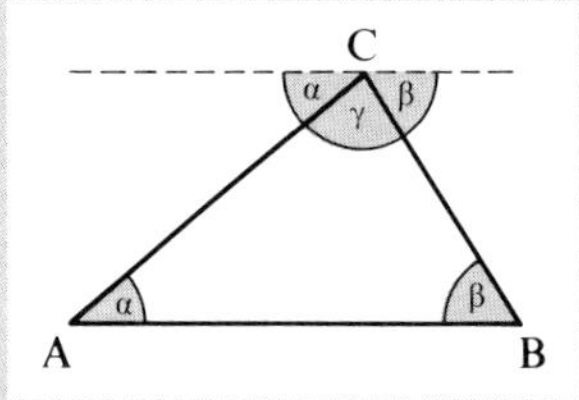

Im Dreieck beträgt die Winkelsumme 180°:
$\alpha + \beta + \gamma = 180°$

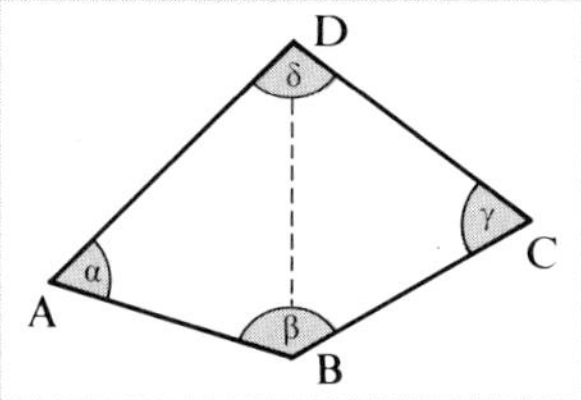

Im Viereck beträgt die Winkelsumme 360°:
$\alpha + \beta + \gamma + \delta = 360°$

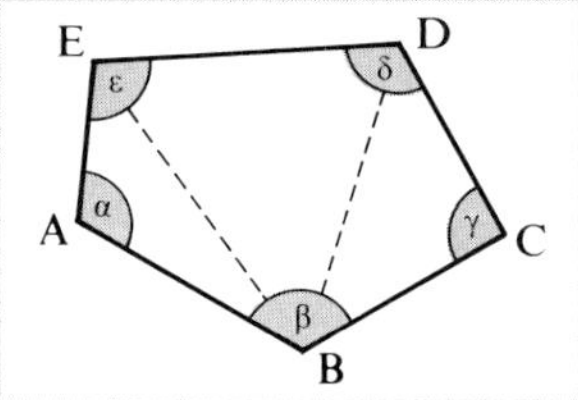

Im Fünfeck beträgt die Winkelsumme 540°:
$\alpha + \beta + \gamma + \delta + \varepsilon = 540°$

Im n-Eck beträgt die Winkelsumme $S_W = (n - 2) \cdot 180°$.

Kongruenz von Dreiecken

Zwei Dreiecke sind kongruent, wenn in ihnen folgende Stücke kongruent sind:
(1) eine Seite und die anliegenden Winkel (WSW) oder
(2) zwei Seiten und der eingeschlossene Winkel (SWS) oder
(3) die drei Seiten (SSS) oder
(4) zwei Seiten und der Gegenwinkel der größeren von beiden (SSW_g).

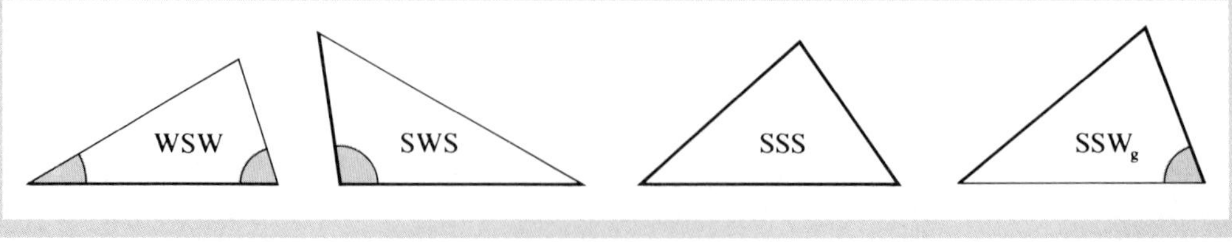

Achsenspiegelung

Gegeben: Eine Gerade s (*Spiegelachse*).
Für einen Punkt P und seinen Bildpunkt P′ gilt:

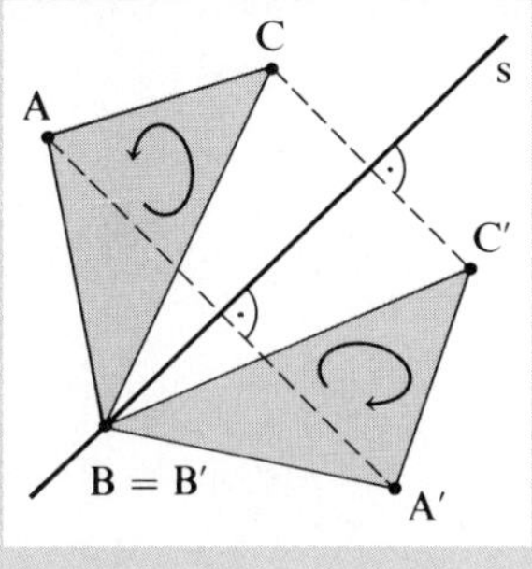

$P \notin s$:
(1) $\overline{PP'} \perp s$
(2) $\overline{PP'}$ wird von s halbiert
$P \in s$: $P = P'$

Achsensymmetrie

s heißt *Symmetrieachse* einer Figur, wenn die Figur bei Spiegelung an s auf sich selbst abgebildet wird.
Eine Figur mit mindestens einer Symmetrieachse heißt *achsensymmetrisch.*

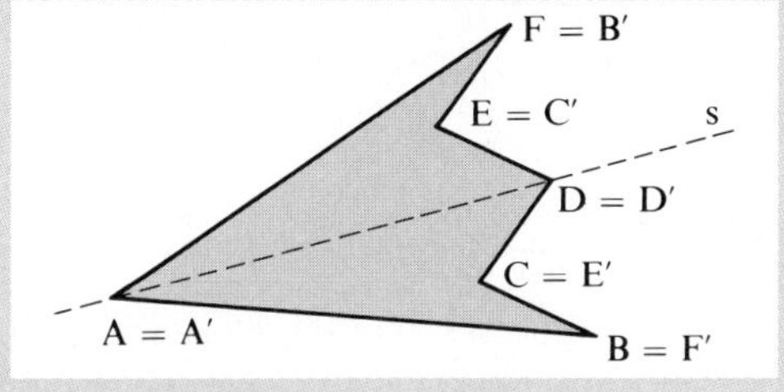

Punktspiegelung

Gegeben: Ein Punkt Z (*Zentrum*).
Für einen Punkt P und seinen Bildpunkt P′ gilt:

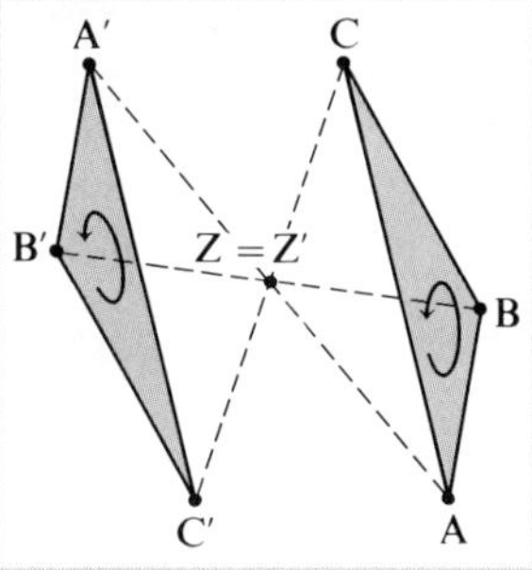

(1) Z liegt auf $\overline{PP'}$
(2) $\overline{PP'}$ wird von Z halbiert
Z ist Fixpunkt der Abbildung: Z = Z′

Punktsymmetrie

Z heißt *Symmetriezentrum* einer Figur, wenn die Figur bei Spiegelung an Z auf sich selbst abgebildet wird.
Eine Figur mit einem Symmetriezentrum heißt *punktsymmetrisch.*

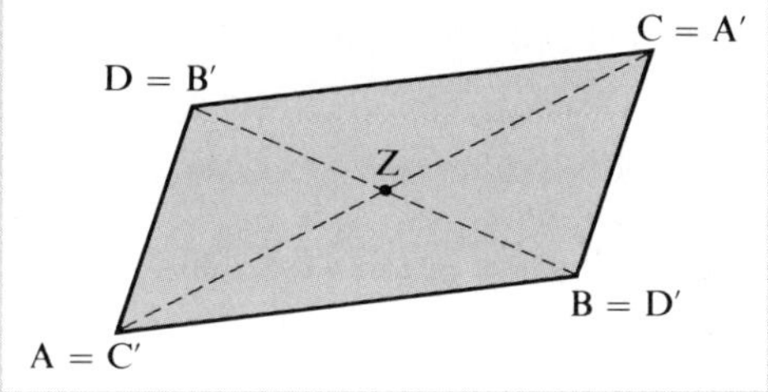

Drehung

Gegeben: Ein Punkt Z (*Drehzentrum*) und ein Winkel α (*Drehwinkel*).
Für einen Punkt P und seinen Bildpunkt P′ gilt:

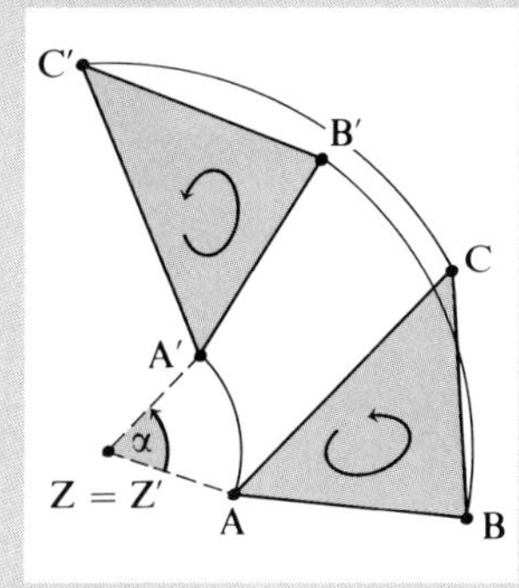

(1) $\overline{ZP}$ und $\overline{ZP'}$ sind gleichlang
(2) $\sphericalangle PZP' = \alpha$
Z ist Fixpunkt der Abbildung: Z = Z′

Drehung als Doppelspiegelung

Jede Drehung kann ersetzt werden durch eine Doppelspiegelung an zwei Geraden s_1 und s_2, die sich in Z schneiden und deren Schnittwinkel halb so groß wie α ist.

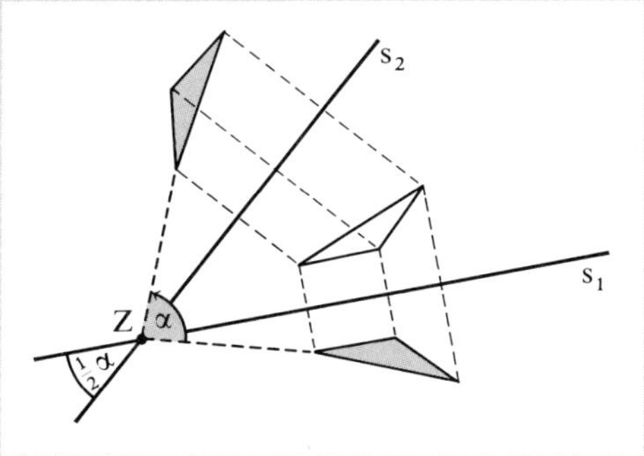

Verschiebung

Gegeben: Eine Richtung und eine Länge
(Ein Verschiebungsvektor $\vec{a}$)
Für einen Punkt P und seinen Bildpunkt P′ gilt: $\overrightarrow{PP'} = \vec{a}$

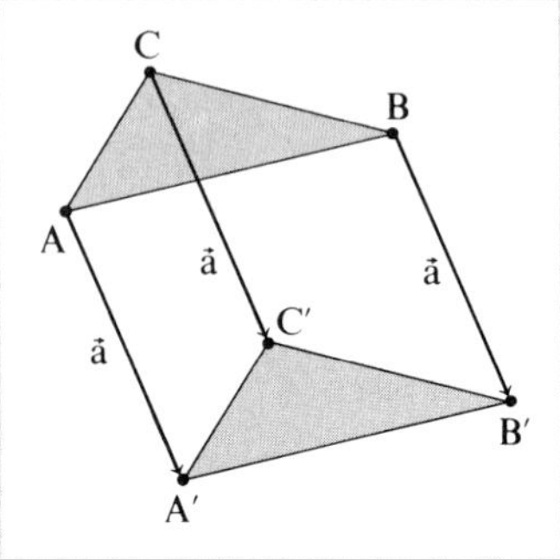

Verschiebung als Doppelspiegelung

Jede Verschiebung kann ersetzt werden durch eine Doppelspiegelung an zwei parallelen Geraden s_1 und s_2, die senkrecht zu $\vec{a}$ sind. Der Abstand von s_1 und s_2 beträgt die halbe Länge von $\vec{a}$.

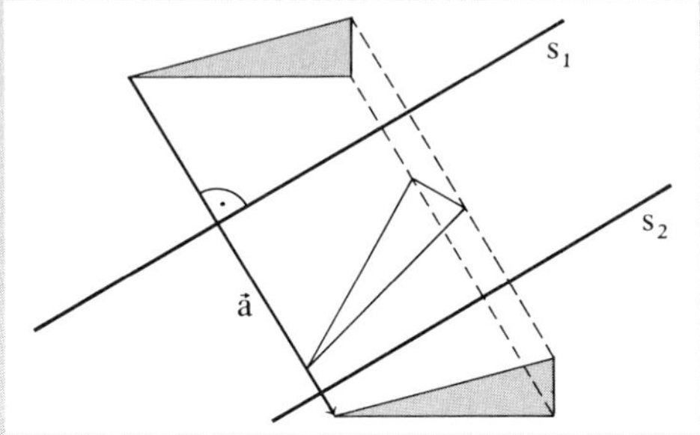

Winkel am Kreis

Mittelpunkts-, Umfangs- und Sehnentangentenwinkel

$\overline{AB}$ sei eine Sehne des Kreises k mit dem Mittelpunkt M.

∢ AMB heißt *Mittelpunktswinkel* zur Sehne $\overline{AB}$.

Ist P ein Punkt auf dem Kreis k und liegt er bezüglich $\overline{AB}$ in derselben Halbebene wie M, so heißt ∢ APB *Umfangswinkel* über der Sehne $\overline{AB}$.

Ist t eine Tangente an den Kreis k im Punkt A, so heißt der Winkel zwischen t und $\overline{AB}$ *Sehnentangentenwinkel* zu $\overline{AB}$.

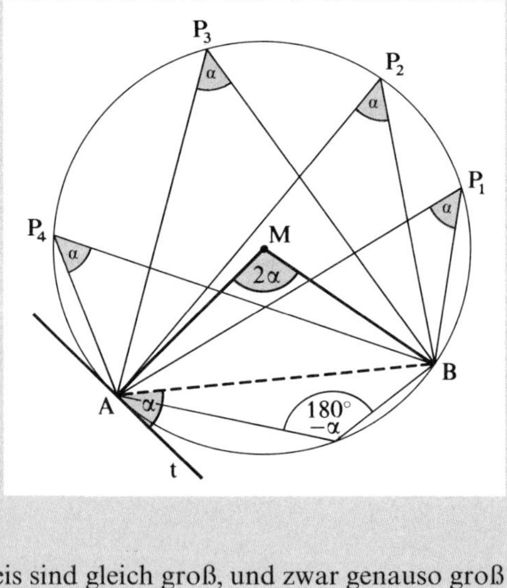

Satz:
Alle Umfangswinkel über einer Sehne $\overline{AB}$ im Kreis sind gleich groß, und zwar genauso groß wie der zugehörige Sehnentangentenwinkel und halb so groß wie der Mittelpunktswinkel zur Sehne $\overline{AB}$.

Sonderfall: Satz des THALES

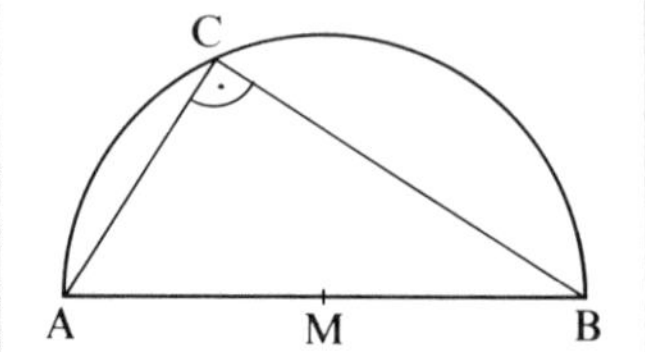

(1) Liegt C auf dem Halbkreis über der Strecke $\overline{AB}$, so ist ∢ ACB ein rechter Winkel. (Satz des Thales)

(2) Hat das Dreieck ABC bei C einen rechten Winkel, so liegt C auf dem Halbkreis über $\overline{AB}$. (Umkehrung)

Dreiecke

spitzwinklig

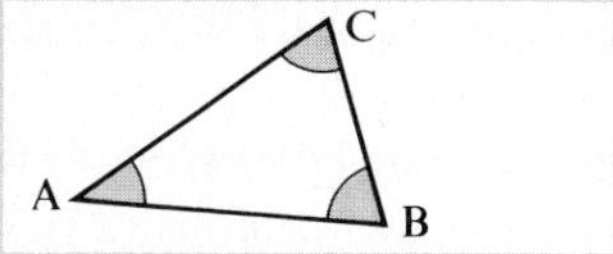

rechtwinklig

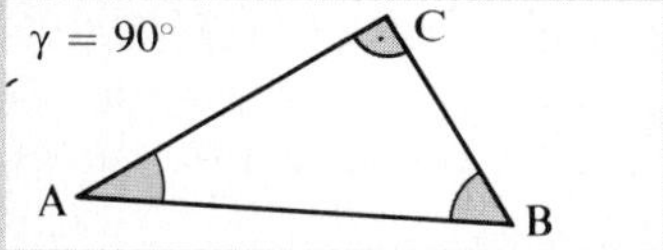

stumpfwinklig

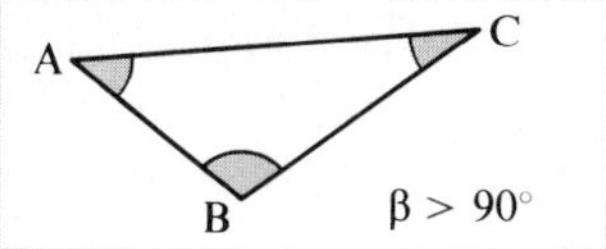

gleichschenkliges Dreieck

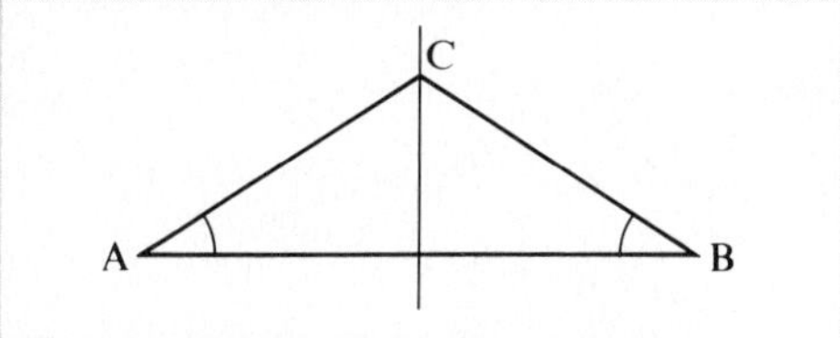

2 gleich lange Seiten (Schenkel)
2 gleich große Winkel (Basiswinkel)
1 Symmetrieachse

gleichseitiges Dreieck

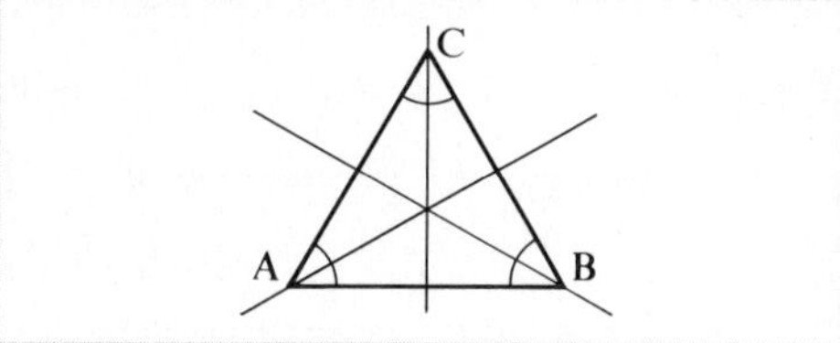

3 gleich lange Seiten
3 gleich große Winkel
3 Symmetrieachsen

Besondere Punkte und Linien des Dreiecks

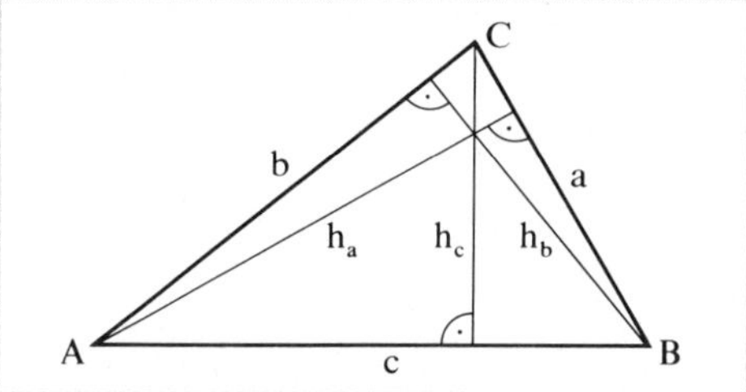

Die drei **Höhen** eines Dreiecks schneiden sich in einem Punkt.

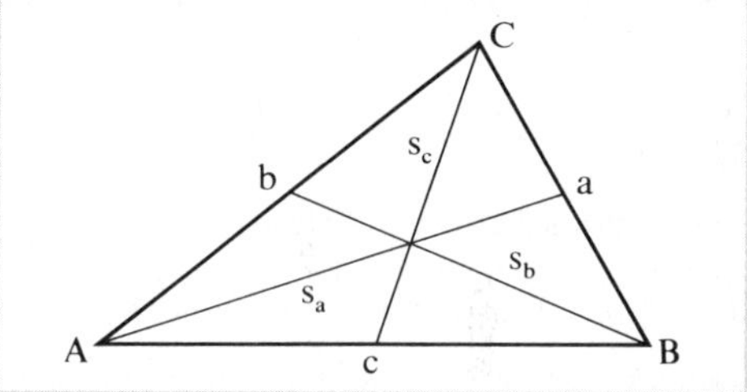

Die drei **Seitenhalbierenden** eines Dreiecks schneiden sich in einem Punkt. Dieser Punkt ist **Schwerpunkt** des Dreiecks.
Der Schwerpunkt teilt die Seitenhalbierenden im Verhältnis 2 : 1.

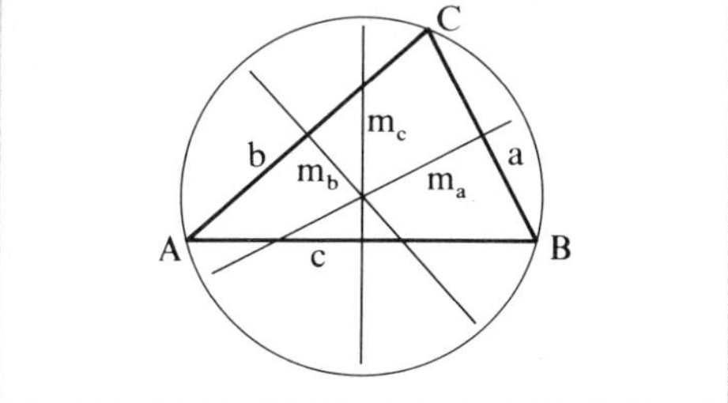

Die drei **Mittelsenkrechten** eines Dreiecks schneiden sich in einem Punkt.
Dieser Punkt ist der Mittelpunkt des **Umkreises.**

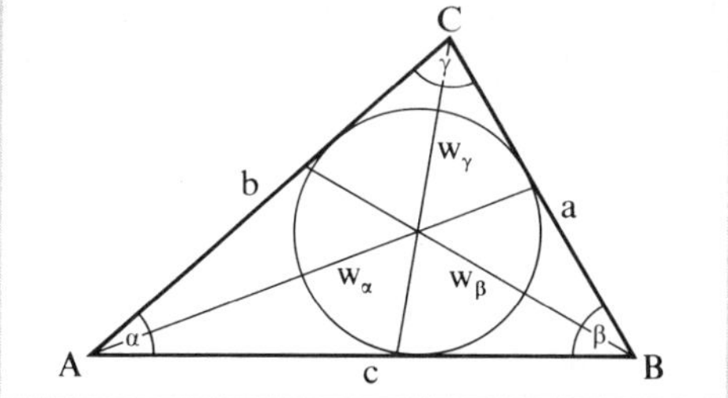

Die drei **Winkelhalbierenden** eines Dreiecks schneiden sich in einem Punkt.
Dieser Punkt ist der Mittelpunkt des **Inkreises.**

Besondere Vierecke

Parallelogramm

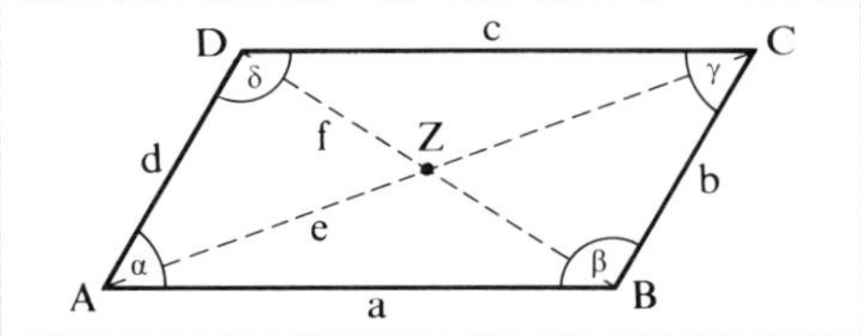

Eigenschaften:

(1) Die Gegenseiten sind parallel und gleich lang.
(2) Die Gegenwinkel sind gleich groß.
(3) Nachbarwinkel ergänzen sich zu 180°.
(4) Die Diagonalen halbieren sich gegenseitig im Symmetriezentrum.

Rechteck

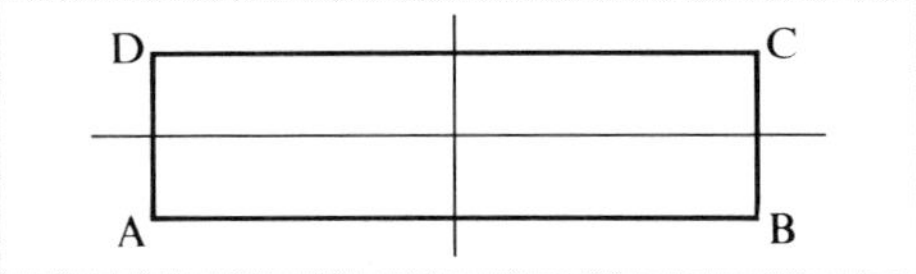

Ein Rechteck ist ein Parallelogramm mit folgenden zusätzlichen Eigenschaften:

(5′) Alle Winkel sind rechte Winkel.
(6′) Die Diagonalen sind gleich lang.
(7′) Die Mittellinien sind Symmetrieachsen.

Raute

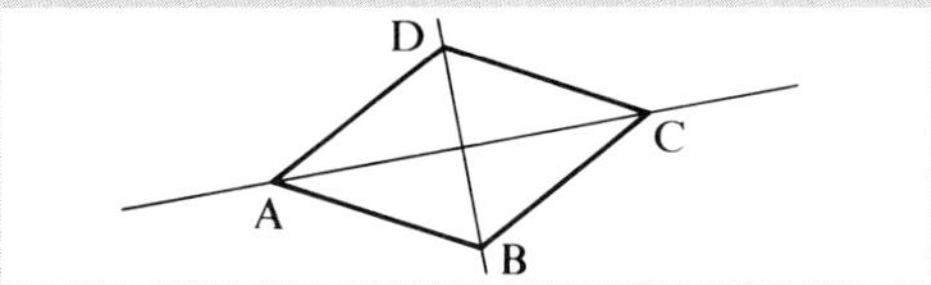

Eine Raute ist ein Parallelogramm mit folgenden zusätzlichen Eigenschaften:

(5″) Die Diagonalen sind senkrecht zueinander.
(6″) Alle Seiten sind gleich lang.
(7″) Die Diagonalen sind Symmetrieachsen.

Quadrat

Das Quadrat ist ein spezielles Rechteck. Es hat alle Rechteckseigenschaften.

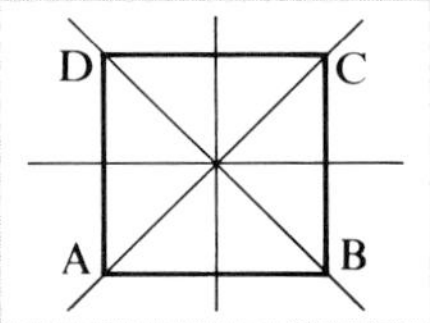

Das Quadrat ist eine spezielle Raute. Es hat alle Rauteneigenschaften.

Trapez

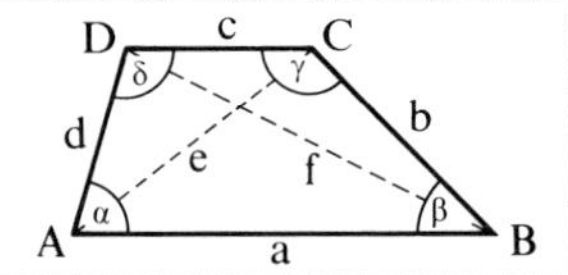

Eigenschaften:

(1) a ∥ c
(2) $\alpha + \delta = 180°$
(3) $\beta + \gamma = 180°$

gleichschenkliges Trapez

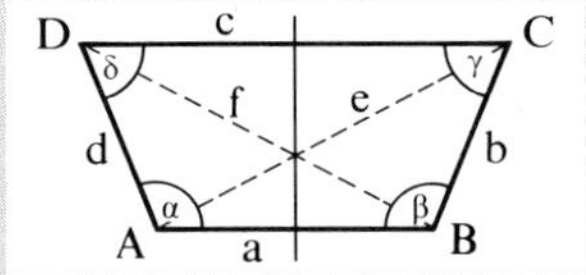

Eigenschaften:

(1) a ∥ c
(2) $\alpha + \delta = 180°$
(3) $\beta + \gamma = 180°$
(4) $\alpha = \beta$; $\gamma = \delta$
(5) b = d
(6) e = f
(7) Die Verbindungsgerade der Mittelpunkte der Parallelseiten ist Symmetrieachse.

Drachen

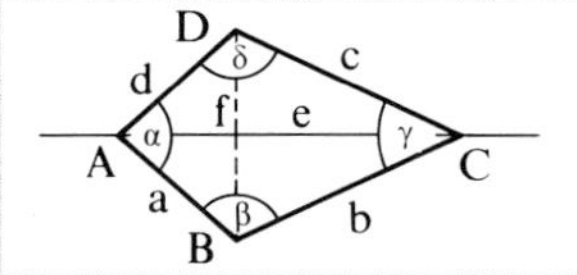

Eigenschaften:

(1) Eine Diagonale ist Symmetrieachse (Hauptdiagonale).
(2) Die Hauptdiagonale halbiert die Nebendiagonale und ist senkrecht zu ihr.
(3) Bezüglich der Hauptdiagonalen gegenüberliegende Seiten (Winkel) sind gleich lang (groß).

Der Kreis

Passante

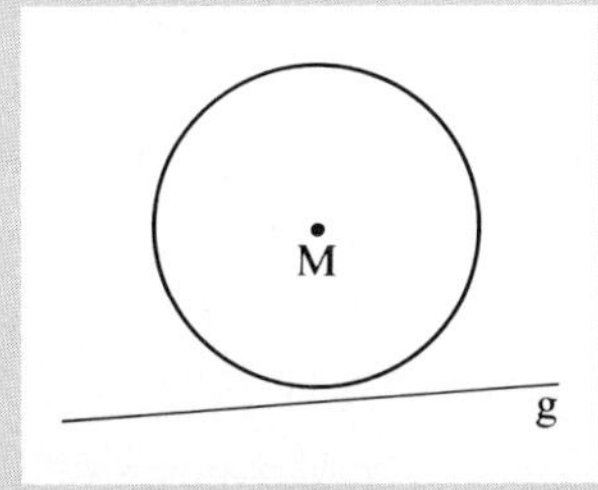

Eine Gerade, die keinen Punkt mit dem Kreis gemeinsam hat, heißt *Passante* des Kreises.

Sekante, Sehne, Zentrale

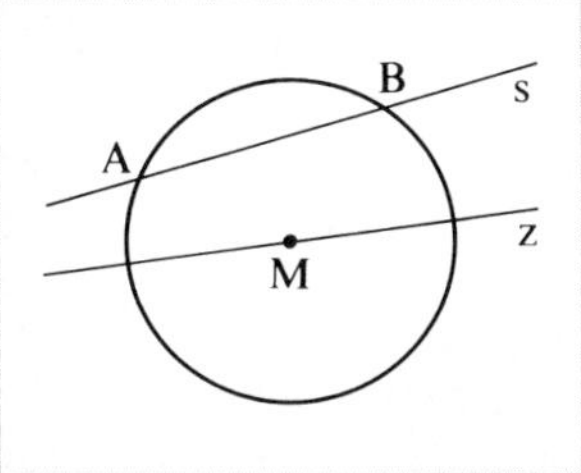

Eine Gerade, die den Kreis in zwei Punkten schneidet, heißt *Sekante* des Kreises. Die Strecke $\overline{AB}$ heißt *Sehne*. Sekanten durch den Mittelpunkt des Kreises heißen *Zentralen* des Kreises.
Zentralen sind Symmetrieachsen des Kreises.

Tangente

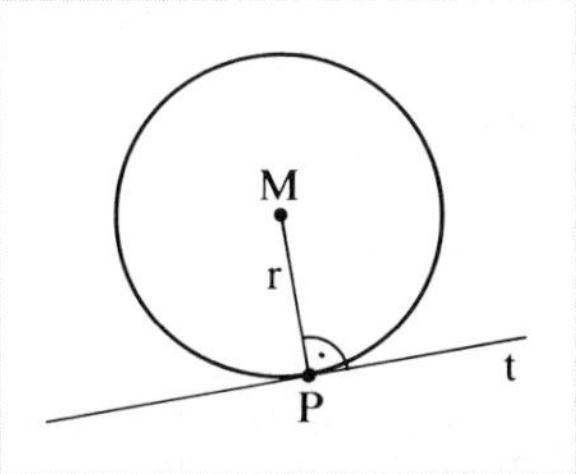

Eine Gerade, die den Kreis in einem Punkt berührt, heißt *Tangente* des Kreises. Die Tangente in einem Punkt ist senkrecht zum Berührradius.

Flächeninhalts- und Umfangsberechnungen an Kreis und Ellipse

Kreis

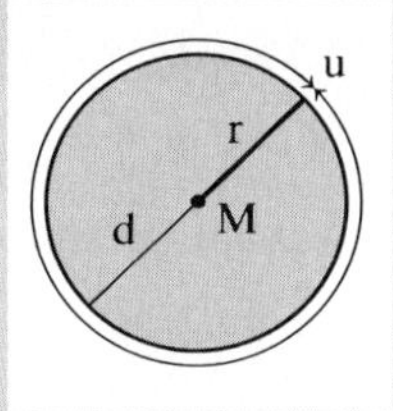

$d = 2r$

$A = \pi r^2$

$u = 2\pi r$
$= \pi \cdot d$

Ellipse

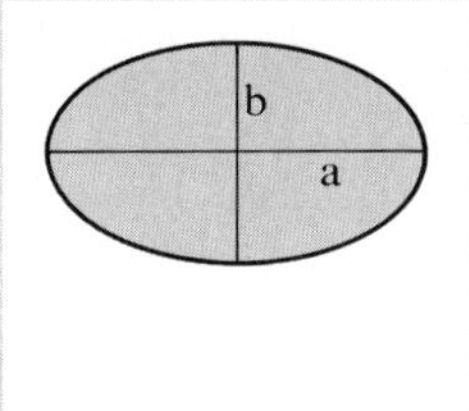

$A = \pi a b$

$u \approx \pi(a + b)$

$u \approx \pi\sqrt{2(a^2 + b^2)}$

Kreissektor

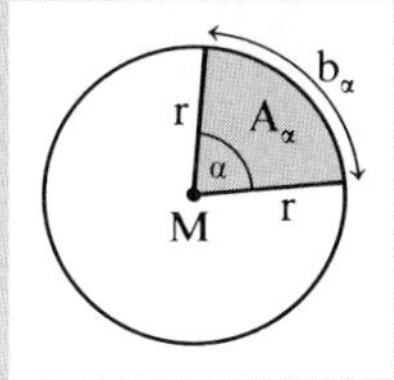

(1) $\alpha : 360° = b_\alpha : 2\pi r$

$b_\alpha = \frac{\pi r \alpha}{180°}$

(2) $\alpha : 360° = A_\alpha : \pi r^2$

$A_\alpha = \frac{\pi r^2 \alpha}{360°}$

(3) $b_\alpha : 2\pi r = A_\alpha : \pi r^2$

$A_\alpha = b_\alpha \cdot \frac{r}{2}$

Kreisring

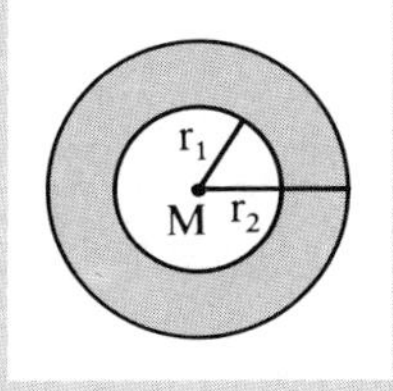

$A = \pi r_2^2 - \pi r_1^2$
$= \pi(r_2^2 - r_1^2)$
$= \pi(r_2 + r_1)(r_2 - r_1)$

Kreisabschnitt

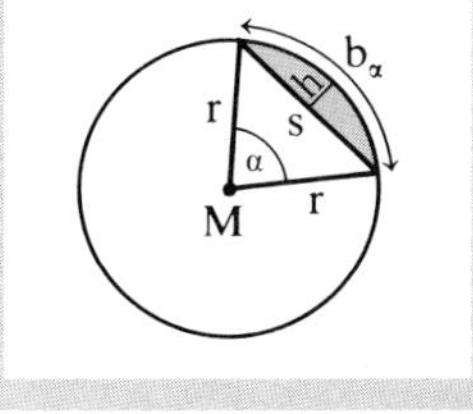

$A = \frac{b_\alpha \cdot r - s(r - h)}{2}$

Flächeninhalts- und Umfangsberechnungen bei Drei- und Vierecken

Dreieck

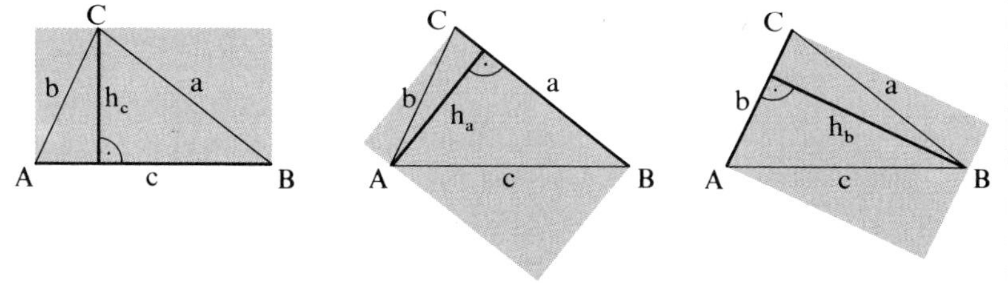

$u = a + b + c$

$A = \frac{c \cdot h_c}{2}$ $A = \frac{a \cdot h_a}{2}$ $A = \frac{b \cdot h_b}{2}$

allgemein:
$A = \frac{g \cdot h}{2}$

rechtwinkliges Dreieck

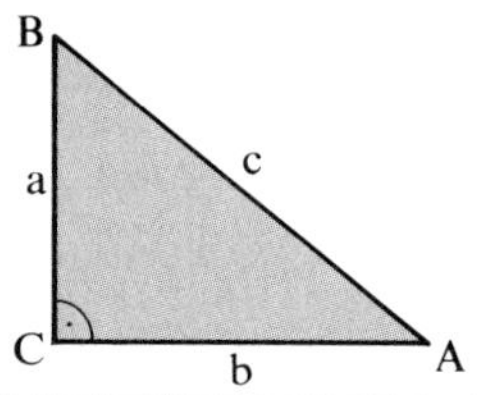

$A = \frac{a \cdot b}{2}$
$u = a + b + c$

gleichseitiges Dreieck

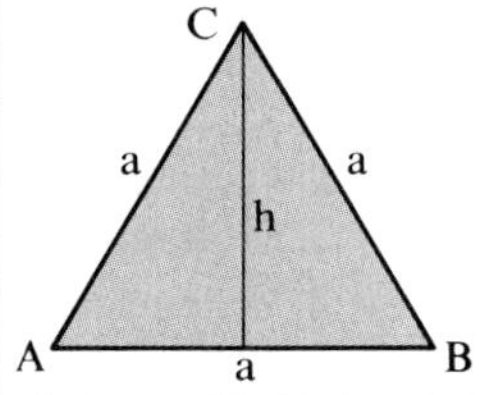

$A = \frac{a^2}{4}\sqrt{3}$
$u = 3a$
$h = \frac{a}{2}\sqrt{3}$

Rechteck

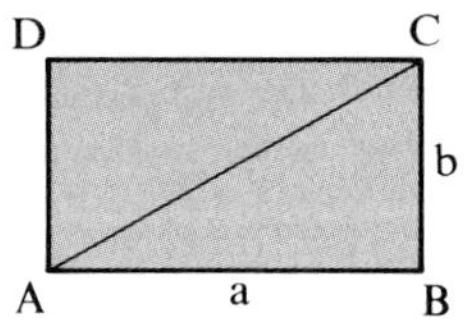

$A = a \cdot b$
$u = 2a + 2b$
$= 2(a + b)$
$d = \sqrt{a^2 + b^2}$
d: Länge der Diagonalen

Quadrat

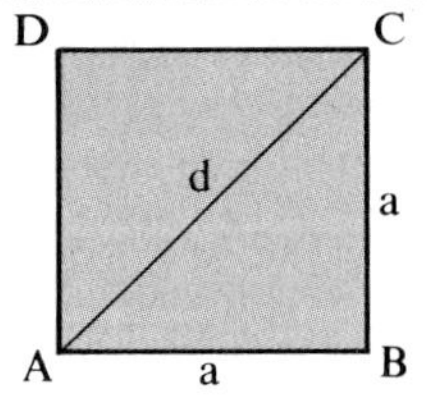

$A = a \cdot a = a^2$
$u = 4a$
$d = a\sqrt{2}$
d: Länge der Diagonalen

Parallelogramm

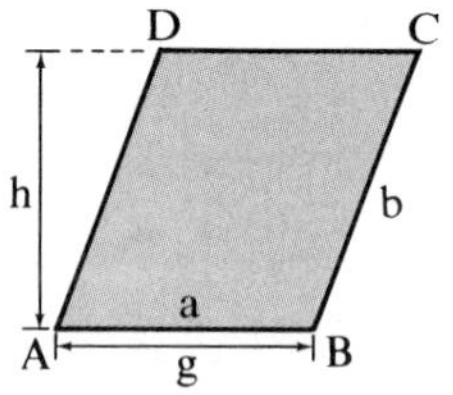

$A = g \cdot h$
$u = 2a + 2b$
$= 2(a + b)$

Raute

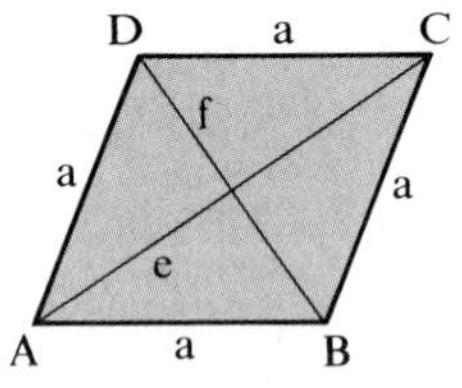

$A = \frac{e \cdot f}{2}$
$u = 4a$
e, f: Länge der Diagonalen

Trapez

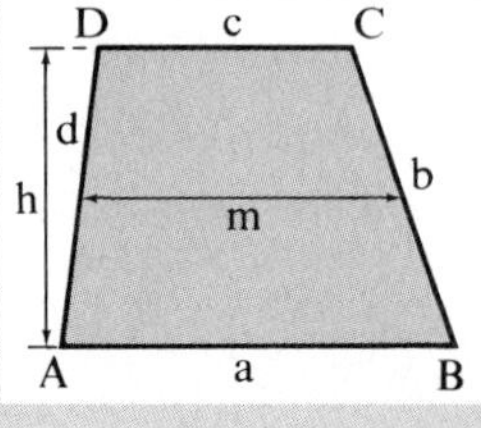

$A = \frac{a + c}{2} \cdot h$
$A = m \cdot h$
$u = a + b + c + d$

Drachen

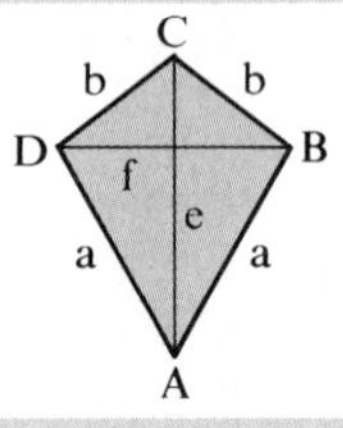

$A = \frac{e \cdot f}{2}$
$u = 2a + 2b$
$= 2(a + b)$
e, f: Länge der Diagonalen

Umfang und Inhalt des regelmäßigen n-Ecks

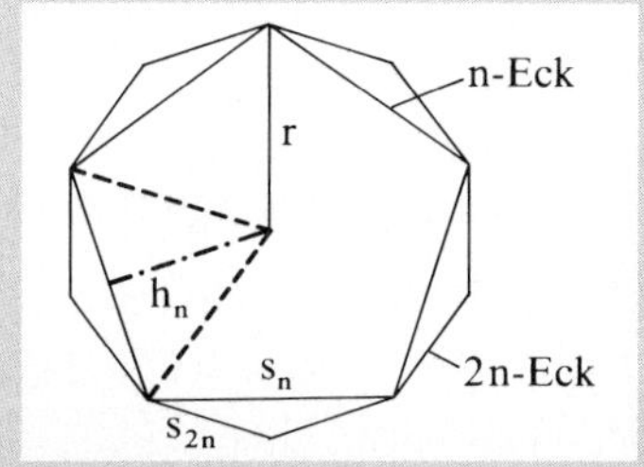

Sind r und s_n bekannt (siehe nebenstehende Tabelle), so berechnet sich s_{2n} nach folgender Formel:

$$s_{2n} = \sqrt{2r^2 - r\sqrt{4r^2 - s_n^2}}$$

n	Seitenlänge s_n
3	$r\sqrt{3}$
4	$r\sqrt{2}$
5	$\frac{r}{2}\sqrt{10 - 2\sqrt{5}}$
6	r

Der Flächeninhalt des n-Ecks ist die Summe der Inhalte von n kongruenten Dreiecken. Für diese Dreiecke gilt:

$$g_n = s_n \qquad h_n = \sqrt{r^2 - \left(\frac{s_n}{2}\right)^2} \qquad A_n = n \cdot \frac{s_n \cdot \sqrt{r^2 - \left(\frac{s_n}{2}\right)^2}}{2}$$

Flächensätze am rechtwinkligen Dreieck

Satz des PYTHAGORAS: Sind a und b die Katheten eines rechtwinkligen Dreiecks und c seine Hypotenuse, so gilt:

$$a^2 + b^2 = c^2$$

Umkehrung: Sind a, b und c Seiten eines Dreiecks und gilt $a^2 + b^2 = c^2$, so ist der Winkel zwischen a und b ein rechter.

Sind a, b und c Seiten eines Dreiecks und ist der Winkel zwischen a und b stumpf (spitz), so gilt $a^2 + b^2 < c^2$ ($a^2 + b^2 > c^2$) und umgekehrt.

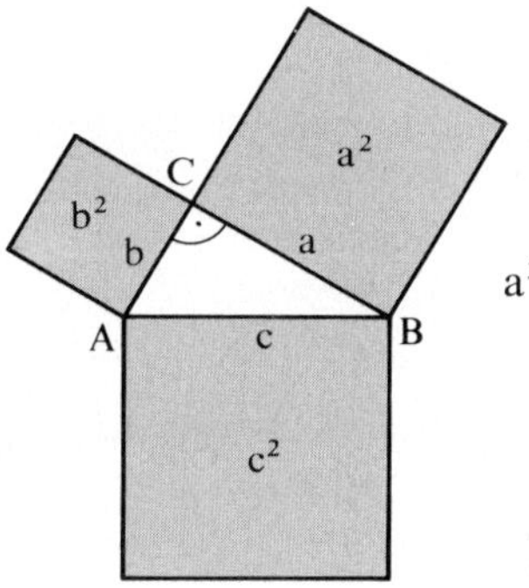

$$a^2 + b^2 = c^2$$

Kathetensatz: Ein Kathetenquadrat hat den gleichen Flächeninhalt wie das Rechteck aus der Hypotenuse und dem zur Kathete gehörenden Hypotenusenabschnitt.

$$a^2 = c \cdot p$$
$$b^2 = c \cdot q$$

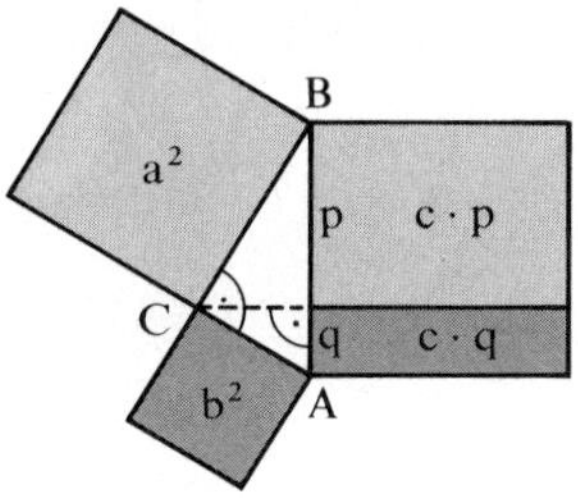

Höhensatz: Das Höhenquadrat hat den gleichen Flächeninhalt wie das Rechteck aus den beiden Abschnitten, in die die Höhe die Hypotenuse teilt.

$$h^2 = p \cdot q$$

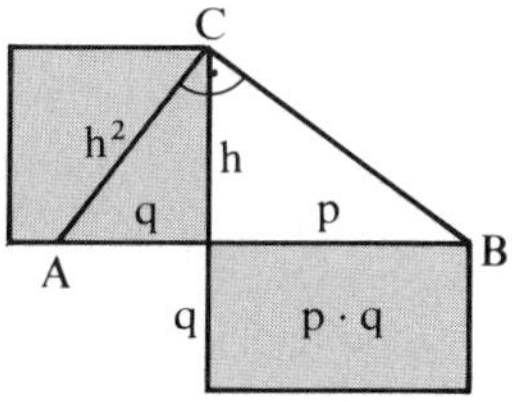

Volumen- und Oberflächenberechnung von Körpern

Quader

$V = a \cdot b \cdot c$

$O = 2ab + 2ac + 2bc$
$= 2(ab + ac + bc)$

$d = \sqrt{a^2 + b^2 + c^2}$

Würfel

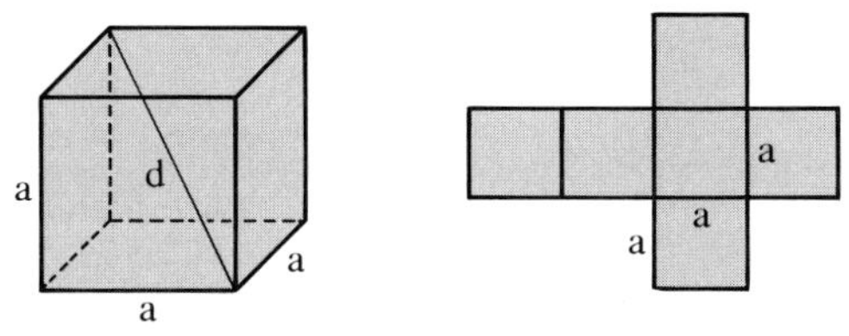

$V = a^3$

$O = 6a^2$

$d = a\sqrt{3}$

Prisma

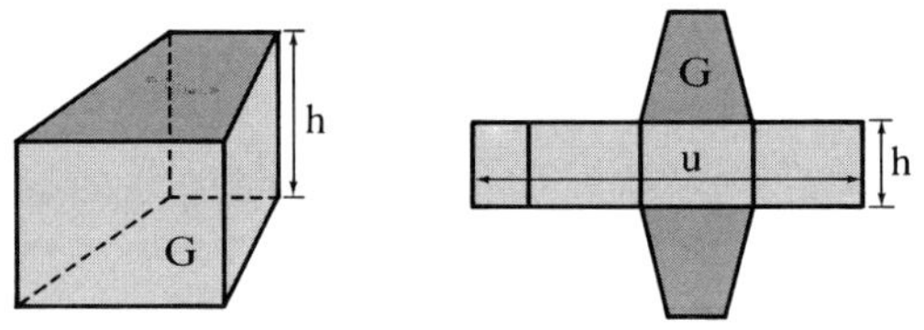

$V = G \cdot h$

$M = u \cdot h$

$O = 2G + M$

Zylinder

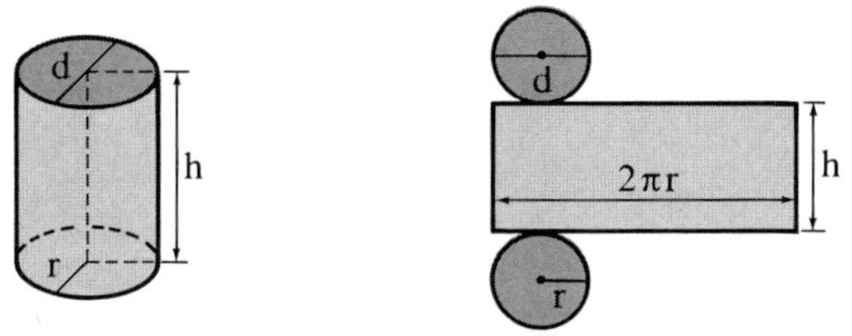

$V = \pi r^2 h$

$M = 2\pi r h$

$O = 2\pi r^2 + 2\pi r h$
$= 2\pi r(r + h)$

Pyramide

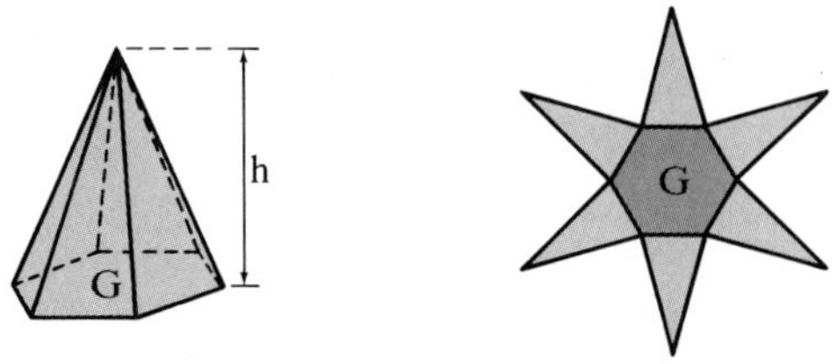

$V = \frac{1}{3} G \cdot h$

$O = G + M$

Quadratische, regelmäßige Pyramide

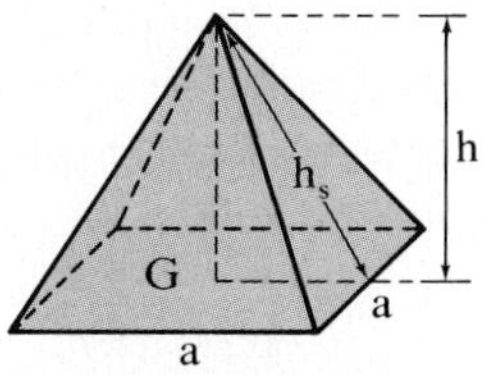

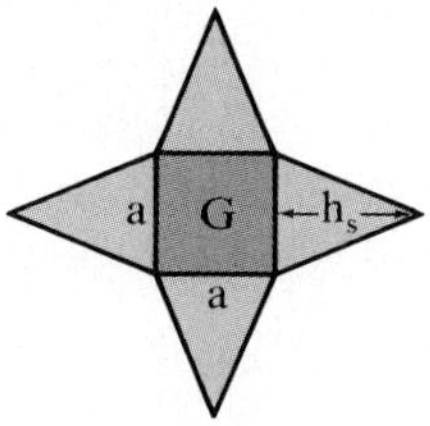

$$V = \frac{1}{3}a^2 h$$

$$M = 2ah_s$$

$$O = a^2 + 2ah_s = a(a + 2h_s)$$

$$h_s = \sqrt{h^2 + \left(\frac{a}{2}\right)^2}$$

Gerader Kreiskegel

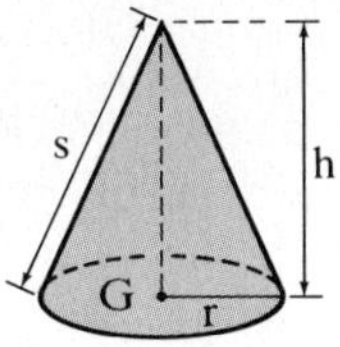

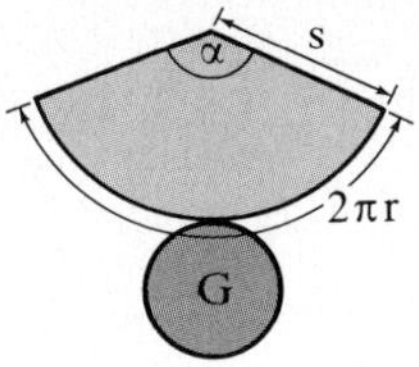

$$V = \frac{1}{3}\pi r^2 h$$

$$M = \pi r s$$

$$O = \pi r^2 + \pi r s = \pi r(r + s)$$

$$s = \sqrt{h^2 + r^2}$$

Kugel

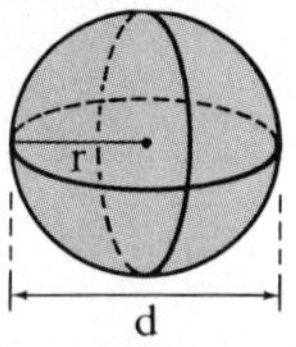

$$V = \frac{4}{3}\pi r^3$$

$$O = 4\pi r^2$$

Kugelschicht

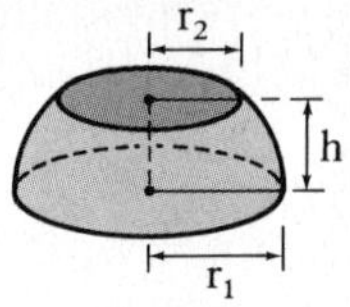

$$V = \frac{\pi}{6}h(3r_1^2 + 3r_2^2 + h^2)$$

$$M = 2\pi r h$$

(r: Kugelradius)

Pyramidenstumpf

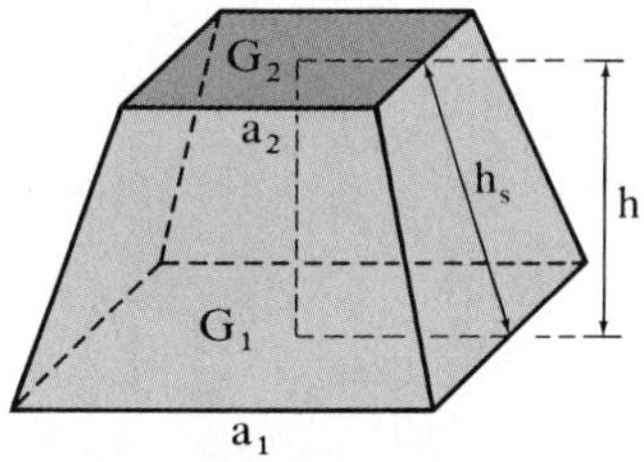

$$V = \frac{1}{3}h(G_1 + \sqrt{G_1 \cdot G_2} + G_2)$$

Quadratischer Pyramidenstumpf:

$$V = \frac{1}{3}h(a_1^2 + a_1 \cdot a_2 + a_2^2)$$

$$M = 4 \cdot \frac{a_1 + a_2}{2} \cdot h_s$$

$$O = a_1^2 + a_2^2 + 4 \cdot \frac{a_1 + a_2}{2} \cdot h_s$$

$$h_s = \sqrt{h^2 + \left(\frac{a_1 - a_2}{2}\right)^2}$$

Kegelstumpf

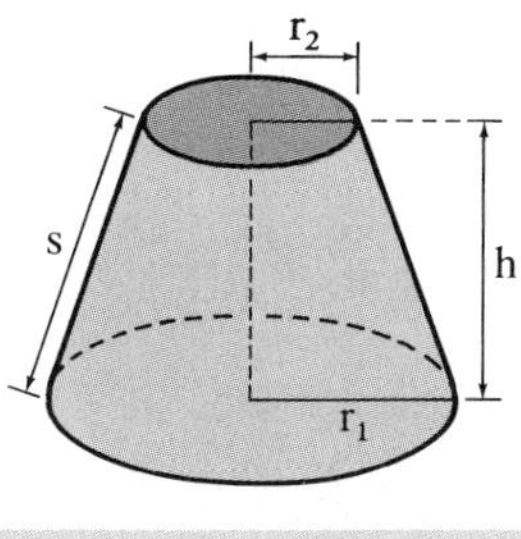

$$V = \frac{1}{3}\pi h(r_1^2 + r_1 \cdot r_2 + r_2^2)$$

$$M = \pi s(r_1 + r_2)$$

$$O = \pi r_1^2 + \pi r_2^2 + \pi s(r_1 + r_2)$$

$$s = \sqrt{h^2 + (r_1 - r_2)^2}$$

(s: Länge einer Mantellinie)

Strahlensätze

1. Strahlensatz: Werden von einem Punkt ausgehende Strahlen von Parallelen geschnitten, so verhalten sich die Abschnitte eines Strahls wie die entsprechenden Abschnitte eines anderen Strahls.

$\frac{SA}{SA'} = \frac{SB}{SB'}$

$\frac{SA}{AA'} = \frac{SB}{BB'}$

2. Strahlensatz: Werden von einem Punkt ausgehende Strahlen von Parallelen geschnitten, so verhalten sich die Parallelenabschnitte wie die zugehörigen Scheitelstrecken auf einem Strahl.

$\frac{AB}{A'B'} = \frac{SA}{SA'}$

$\frac{AB}{A'B'} = \frac{SB}{SB'}$

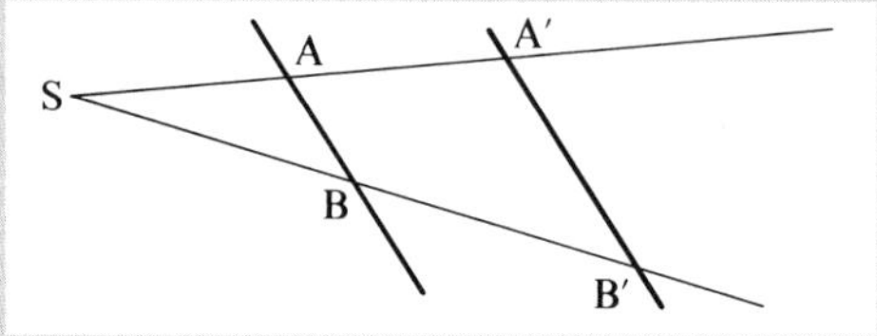

Umkehrung des 1. Strahlensatzes: Werden von einem Punkt ausgehende Strahlen von Geraden so geschnitten, daß sich die Abschnitte eines Strahls so verhalten wie die entsprechenden Abschnitte eines anderen Strahls, dann sind die Geraden parallel.
Die **Umkehrung des 2. Strahlensatzes** gilt **nicht.**

Ähnlichkeit von Dreiecken

Zwei Dreiecke heißen *ähnlich,* wenn sie in den entsprechenden Winkeln und den Verhältnissen entsprechender Seiten übereinstimmen.

$\frac{a}{b} = \frac{a'}{b'}$ $\frac{a}{c} = \frac{a'}{c'}$ $\frac{b}{c} = \frac{b'}{c'}$ $\alpha = \alpha'$, $\beta = \beta'$, $\gamma = \gamma'$

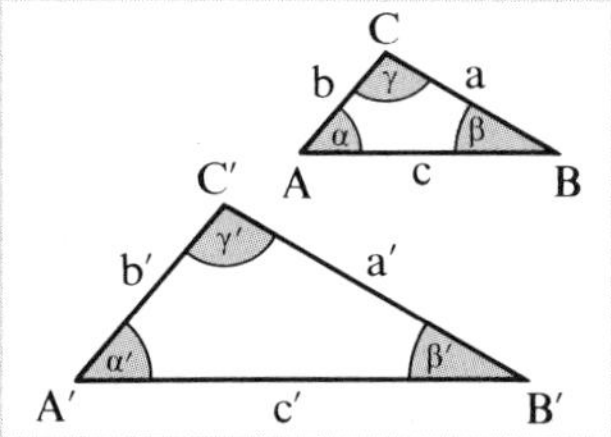

Ähnlichkeitssätze:
Zwei Dreiecke sind ähnlich, wenn sie in folgenden Stücken übereinstimmen:
(1) in zwei entsprechenden Winkeln *oder*
(2) im Verhältnis zweier entsprechender Seiten und den eingeschlossenen Winkeln *oder*
(3) im Verhältnis aller entsprechender Seiten *oder*
(4) im Verhältnis zweier entsprechender Seiten und den Gegenwinkeln der längeren Seiten.

Zentrische Streckung

Gegeben: Ein Punkt Z (*Streckzentrum*) und eine Zahl $k \neq 0$ (*Streckfaktor*).
Für einen Punkt P und seinen Bildpunkt P' gilt:

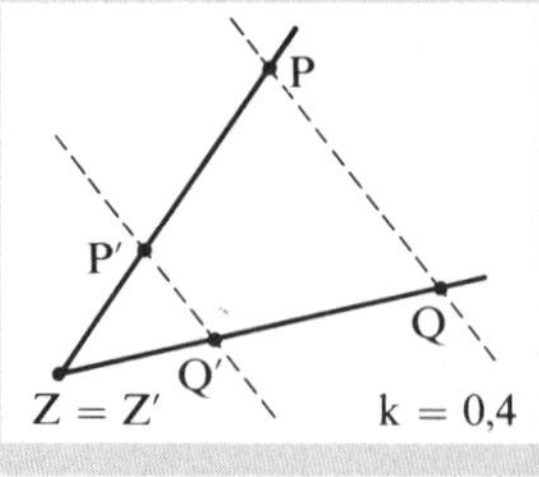

Falls $k > 0$:
(1) P' liegt auf $\overline{ZP}$
(2) $ZP' = k \cdot ZP$
Z ist Fixpunkt der Abbildung: $Z = Z'$

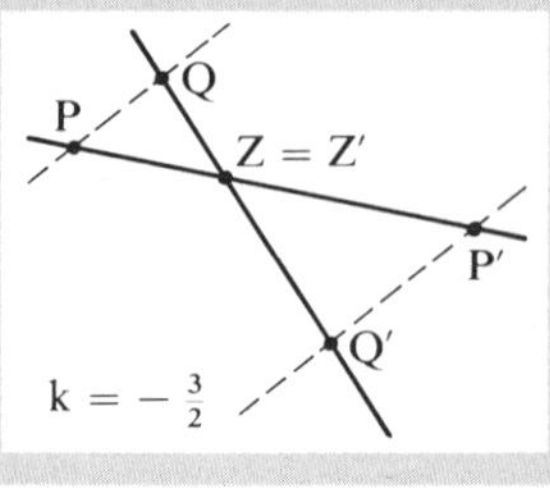

Falls $k < 0$:
(1) Z liegt auf $\overline{PP'}$
(2) $ZP' = |k| \cdot ZP$
Z ist Fixpunkt der Abbildung: $Z = Z'$

Hat eine Figur den Flächeninhalt A, so hat die Bildfigur den Flächeninhalt $k^2 \cdot A$.

Trigonometrie

Definition am Einheitskreis

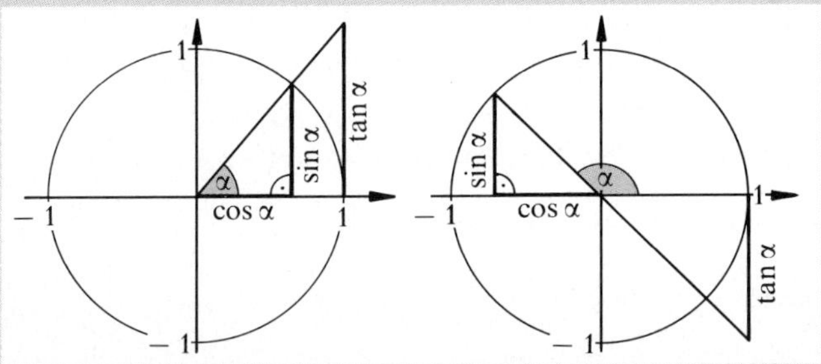

(1) $\sin(90^\circ + \alpha) = \sin(90^\circ - \alpha)$

$\sin\alpha = \sin(180^\circ - \alpha)$

(2) $\cos\alpha = \sin(90^\circ - \alpha)$

(3) $\sin^2\alpha + \cos^2\alpha = 1$

(4) $\tan\alpha = \frac{\sin\alpha}{\cos\alpha}$

Winkelfunktionen im rechtwinkligen Dreieck

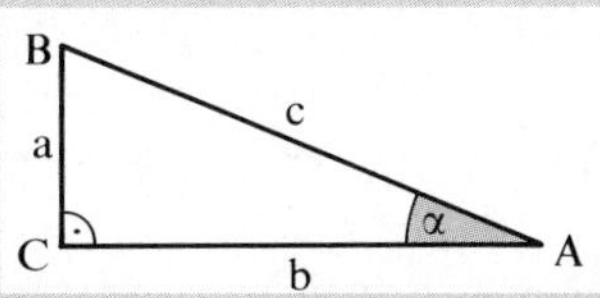

$\sin\alpha = \frac{\text{Gegenkathete von } \alpha}{\text{Hypotenuse}} = \frac{a}{c}$

$\cos\alpha = \frac{\text{Ankathete von } \alpha}{\text{Hypotenuse}} = \frac{b}{c}$

$\tan\alpha = \frac{\text{Gegenkathete von } \alpha}{\text{Ankathete von } \alpha} = \frac{a}{b}$

Winkel und Bogenmaß

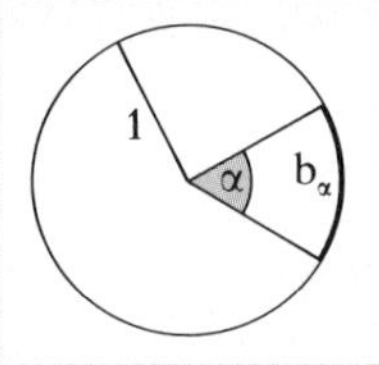

$\frac{b_\alpha}{2\pi} = \frac{\alpha}{360^\circ}$

α	45°	90°	180°	270°	360°
b_α	$\frac{\pi}{4}$	$\frac{\pi}{2}$	π	$\frac{3\pi}{2}$	2π

Besondere Funktionswerte

	0°	$30^\circ\,(\frac{\pi}{6})$	$45^\circ\,(\frac{\pi}{4})$	$60^\circ\,(\frac{\pi}{3})$	$90^\circ\,(\frac{\pi}{2})$
sin	0	$\frac{1}{2}$	$\frac{1}{2}\sqrt{2}$	$\frac{1}{2}\sqrt{3}$	1
cos	1	$\frac{1}{2}\sqrt{3}$	$\frac{1}{2}\sqrt{2}$	$\frac{1}{2}$	0
tan	0	$\frac{1}{3}\sqrt{3}$	1	$\sqrt{3}$	–

Umformungen

$\sin(\alpha \pm \beta) = \sin\alpha\cos\beta \pm \cos\alpha\sin\beta$

$\cos(\alpha \pm \beta) = \cos\alpha\cos\beta \mp \sin\alpha\sin\beta$

$\tan(\alpha \pm \beta) = \frac{\tan\alpha \pm \tan\beta}{1 \mp \tan\alpha\tan\beta}$

$\sin 2\alpha = 2\sin\alpha\cos\alpha$

$\cos 2\alpha = \cos^2\alpha - \sin^2\alpha$

$\sin 3\alpha = 3\sin\alpha - 4\sin^3\alpha$

$\cos 3\alpha = 4\cos^3\alpha - 3\cos\alpha$

$\sin\alpha + \sin\beta = 2\sin\frac{\alpha+\beta}{2}\cos\frac{\alpha-\beta}{2}$

$\sin\alpha - \sin\beta = 2\cos\frac{\alpha+\beta}{2}\sin\frac{\alpha-\beta}{2}$

$\cos\alpha + \cos\beta = 2\cos\frac{\alpha+\beta}{2}\cos\frac{\alpha-\beta}{2}$

$\cos\alpha - \cos\beta = -2\sin\frac{\alpha+\beta}{2}\sin\frac{\alpha-\beta}{2}$

$\tan 2\alpha = \frac{2\tan\alpha}{1-\tan^2\alpha}$ $\quad\sin\frac{\alpha}{2} = \pm\sqrt{\frac{1-\cos\alpha}{2}}$ $\quad\cos\frac{\alpha}{2} = \pm\sqrt{\frac{1+\cos\alpha}{2}}$ $\quad\tan\frac{\alpha}{2} = \frac{\sin\alpha}{1+\cos\alpha}$

Trigonometrische Berechnungen am Dreieck

Sinussatz: $\frac{a}{\sin\alpha} = \frac{b}{\sin\beta}\,(= 2r)$

$\frac{a}{\sin\alpha} = \frac{c}{\sin\gamma}\,(= 2r)$

$\frac{b}{\sin\beta} = \frac{c}{\sin\gamma}\,(= 2r)$

r: Umkreisradius

Kosinussatz: $a^2 = b^2 + c^2 - 2bc\cos\alpha$

$b^2 = a^2 + c^2 - 2ac\cos\beta$

$c^2 = a^2 + b^2 - 2ab\cos\gamma$

Zur Berechnung von Dreiecken ist in den Bestimmungsfällen SWW, WSW und SSW_g der Sinussatz, in den Fällen SWS und SSS der Kosinussatz anwendbar.

Flächeninhalt: $A = \frac{1}{2}ab\sin\gamma$; $\quad A = \frac{1}{2}bc\sin\alpha$; $\quad A = \frac{1}{2}ac\sin\beta$

oder $A = 2r^2\sin\alpha\sin\beta\sin\gamma$ *oder* $A = \frac{abc}{4r}$

Geraden im Koordinatensystem

Abstand zweier Punkte

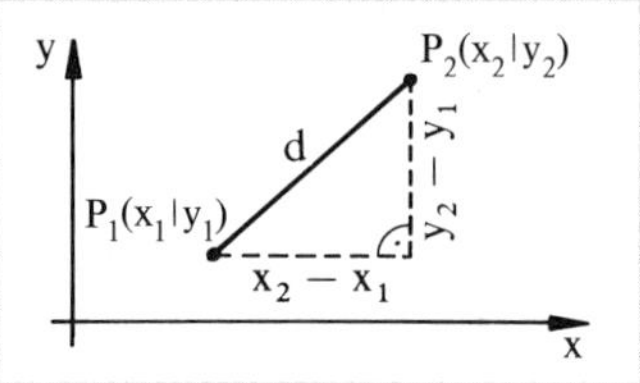

$$d = \sqrt{(x_2 - x_1)^2 + (y_2 - y_1)^2}$$

Mittelpunkt einer Strecke

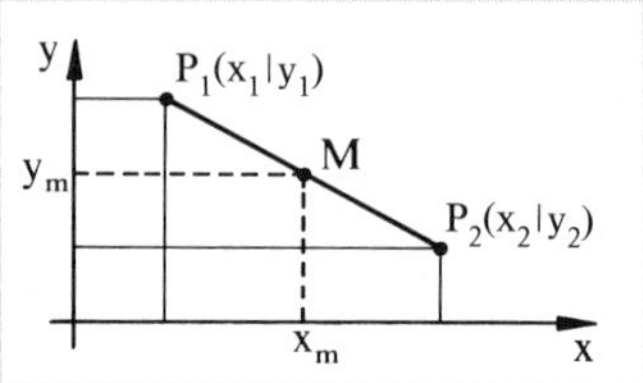

$$M\left(\frac{x_1 + x_2}{2}\,\middle|\,\frac{y_1 + y_2}{2}\right)$$

Flächeninhalt eines Dreiecks

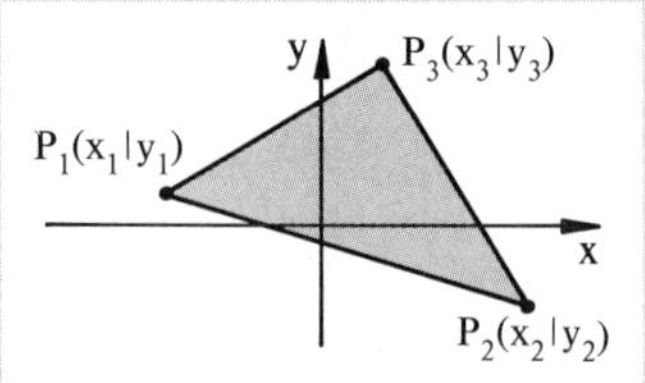

$$A = \tfrac{1}{2}[x_1(y_2 - y_3) + x_2(y_3 - y_1) + x_3(y_1 - y_2)]$$

Steigung (Anstieg) einer Geraden

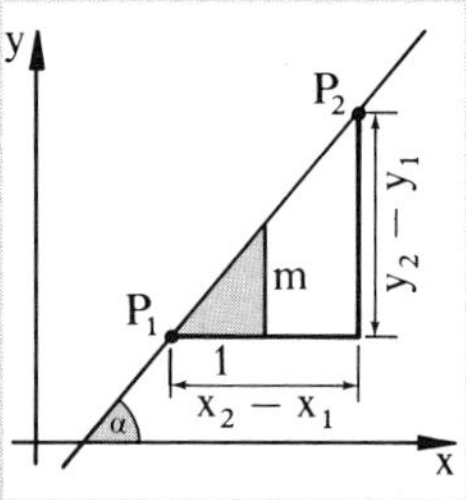

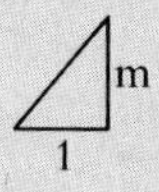

Steigungsdreieck

$$m = \frac{y_2 - y_1}{x_2 - x_1}$$

$$m = \tan\alpha$$

$m > 0$ ($m < 0$): Die Gerade steigt (fällt).
$m = 0$: Die Gerade ist parallel zur x-Achse.

Hauptform der Geradengleichung

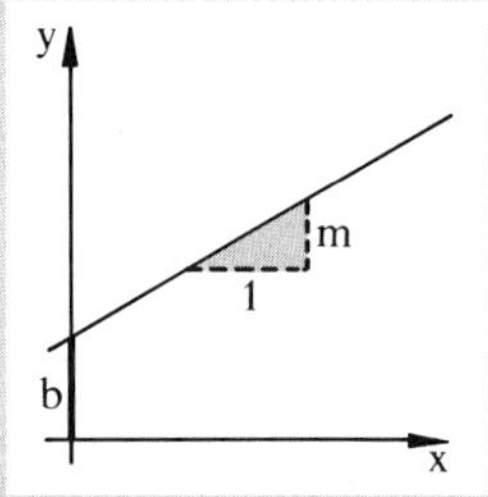

Gegeben:
Steigung m
Schnittpunkt $(0|b)$ mit der y-Achse

$$y = mx + b$$

Für Geraden g_1, g_2 mit den Steigungen $m_1, m_2 \in \mathbb{R}^*$ gilt: $g_1 \perp g_2 \Leftrightarrow m_1 \cdot m_2 = -1$

Zwei-Punkte-Form

Gegeben: $P_1(x_1|y_1)$, $P_2(x_2|y_2)$

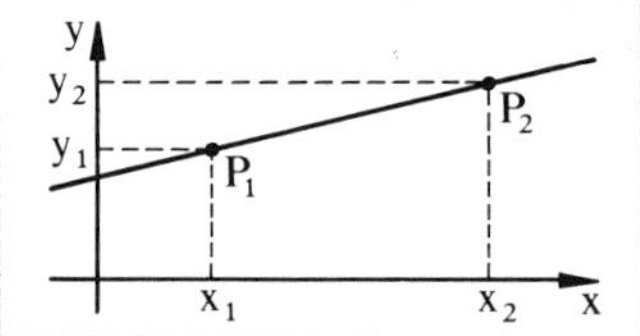

$$\frac{y - y_1}{x - x_1} = \frac{y_2 - y_1}{x_2 - x_1}$$

Punkt-Steigungs-Form

Gegeben: $P_1(x_1|y_1)$, Steigung m

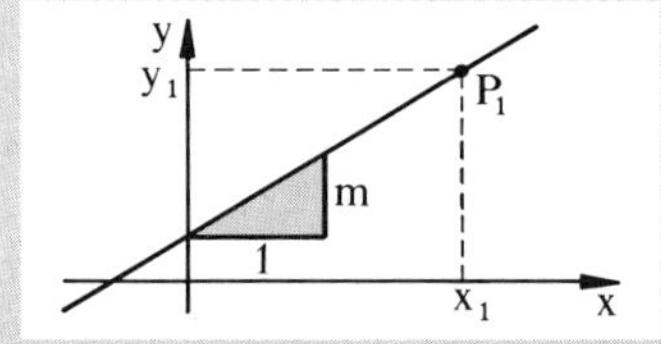

$$\frac{y - y_1}{x - x_1} = m$$

Achsenabschnittsform

Gegeben: Achsenabschnitte a, b

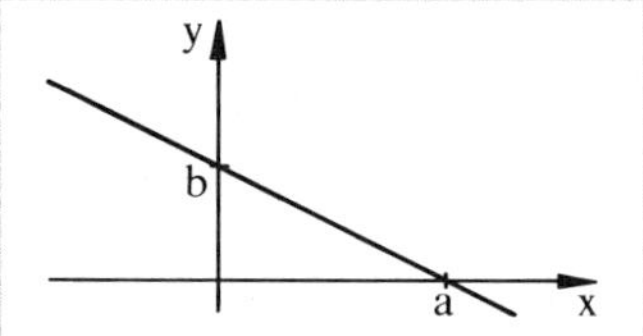

$$\frac{x}{a} + \frac{y}{b} = 1$$

Lineare Funktionen haben Funktionsgleichungen der Form $f(x) = mx + b$ mit $D = \mathbb{R}$ und $W = \mathbb{R}$, $m, b \in \mathbb{R}$.
Der Graph ist eine Gerade mit der Steigung m, die die y-Achse im Punkt $(0|b)$ schneidet.

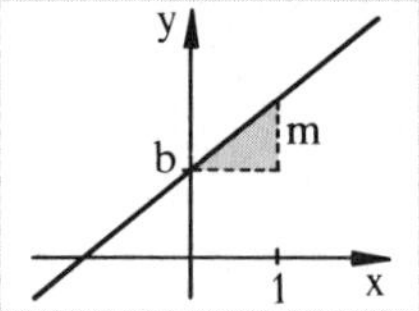

$f(x) = mx + b$
$(m \neq 0, b \neq 0)$

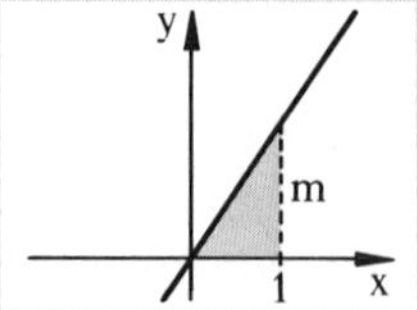

$f(x) = mx$
$(b = 0)$

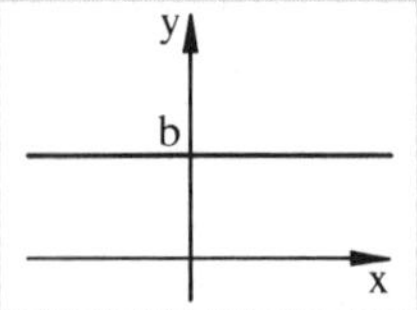

$f(x) = b$
$(m = 0)$

Parallelen zur y-Achse sind *keine* Funktionsgraphen.

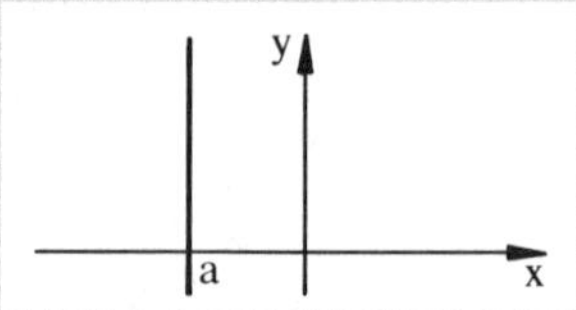

$x = a$

Potenzfunktionen

Potenzfunktionen mit geraden, positiven Exponenten ($D = \mathbb{R}$, $W = \mathbb{R}_0^+$)

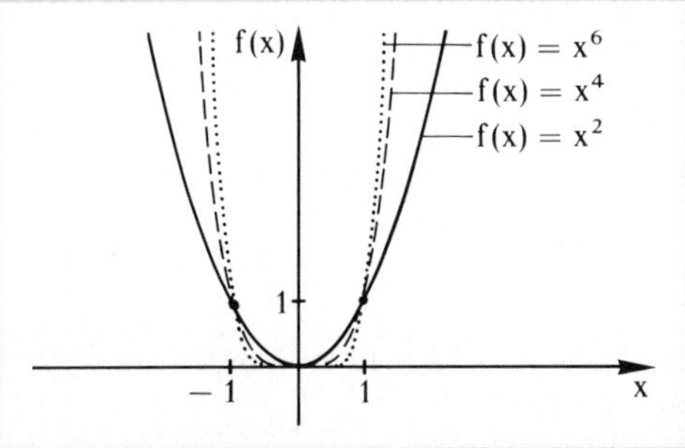

Die Graphen dieser Funktionen haben folgende Eigenschaften:

(1) Sie verlaufen durch die Punkte $(0 | 0)$, $(1 | 1)$ und $(-1 | 1)$.

(2) Sie sind symmetrisch zur f(x)-Achse.

Potenzfunktionen mit ungeraden, positiven Exponenten ($D = \mathbb{R}$, $W = \mathbb{R}$)

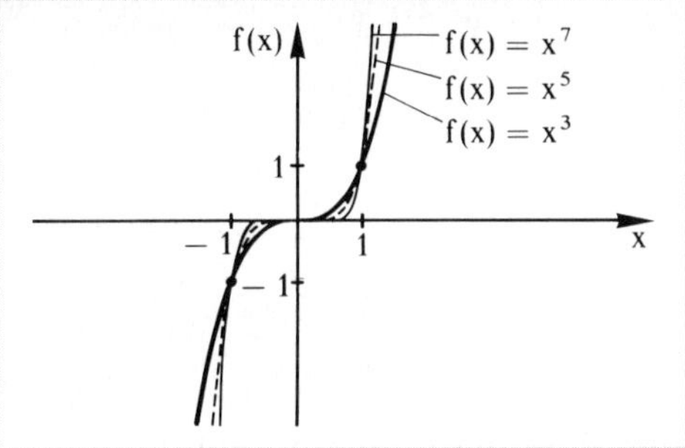

Die Graphen dieser Funktionen haben folgende Eigenschaften:

(1) Sie verlaufen durch die Punkte $(0 | 0)$, $(1 | 1)$ und $(-1 | -1)$.

(2) Sie sind punktsymmetrisch zum Ursprung.

Potenzfunktionen mit geraden, negativen Exponenten ($D = \mathbb{R}^*$, $W = \mathbb{R}^+$)

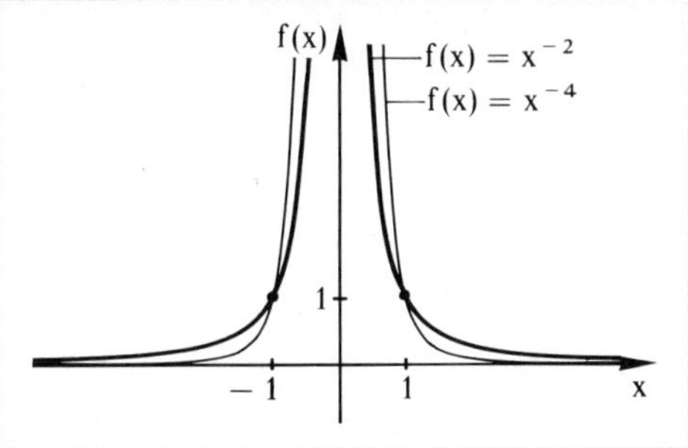

Die Graphen dieser Funktionen haben folgende Eigenschaften:

(1) Sie verlaufen durch die Punkte $(1 | 1)$ und $(-1 | 1)$.

(2) Sie sind symmetrisch zur f(x)-Achse.

(3) Für $x = 0$ existiert kein Funktionswert (eingeschränkter Definitionsbereich).

Potenzfunktionen mit ungeraden, negativen Exponenten ($D = \mathbb{R}^*$, $W = \mathbb{R}^*$)

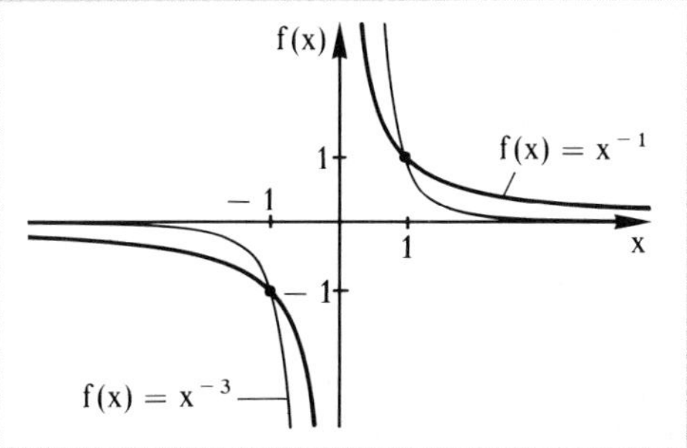

Die Graphen dieser Funktionen haben folgende Eigenschaften:

(1) Sie verlaufen durch die Punkte $(1 | 1)$ und $(-1 | -1)$.

(2) Sie sind punktsymmetrisch zum Ursprung.

(3) Für $x = 0$ existiert kein Funktionswert (eingeschränkter Definitionsbereich).

Wurzelfunktionen

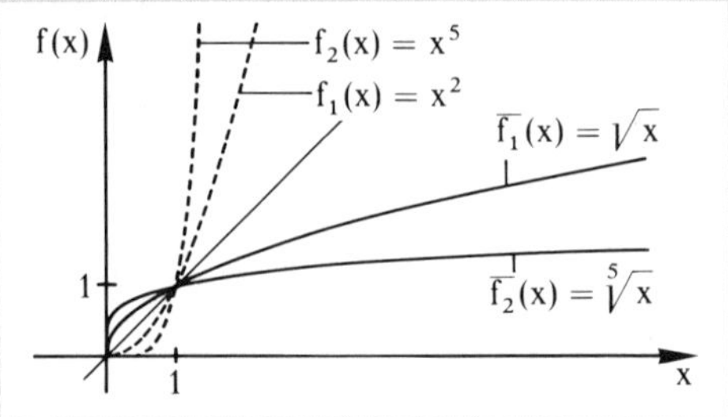

Definitionsbereich $\mathbb{R}_0^+$, Wertebereich $\mathbb{R}_0^+$

Exponentialfunktionen

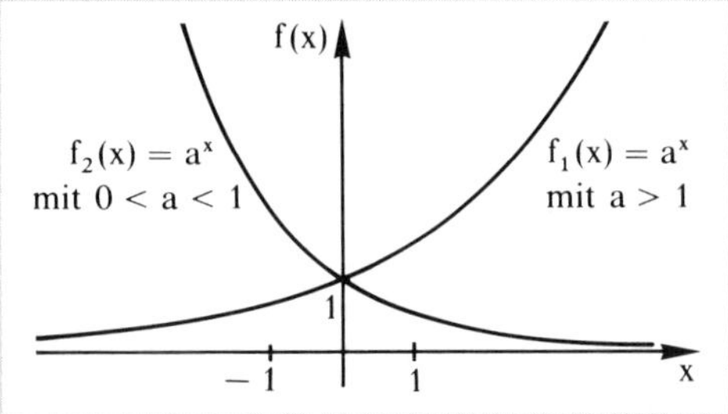

Definitionsbereich $\mathbb{R}$, Wertebereich $\mathbb{R}^+$

Logarithmusfunktionen

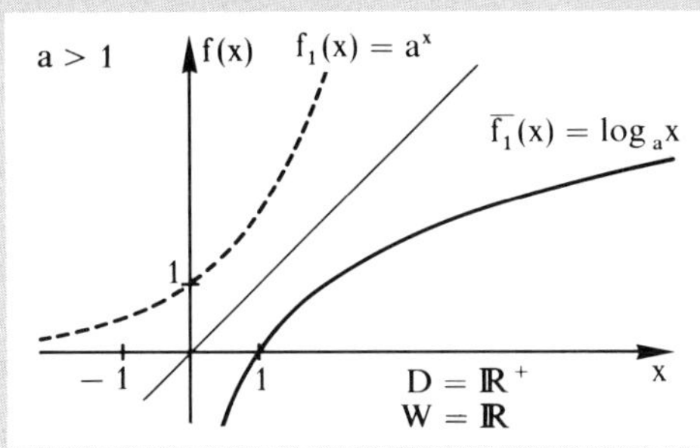

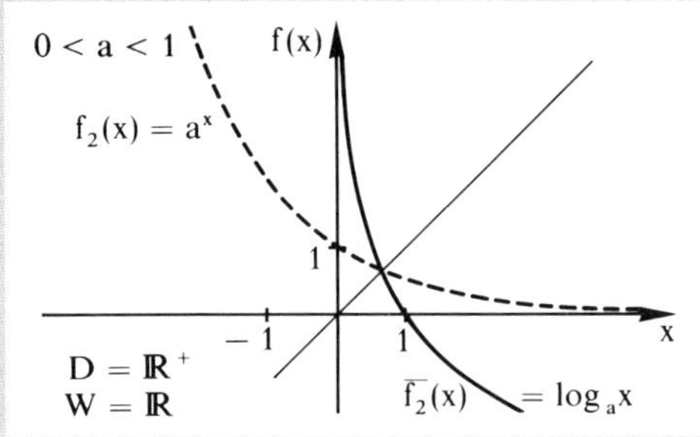

Trigonometrische Funktionen

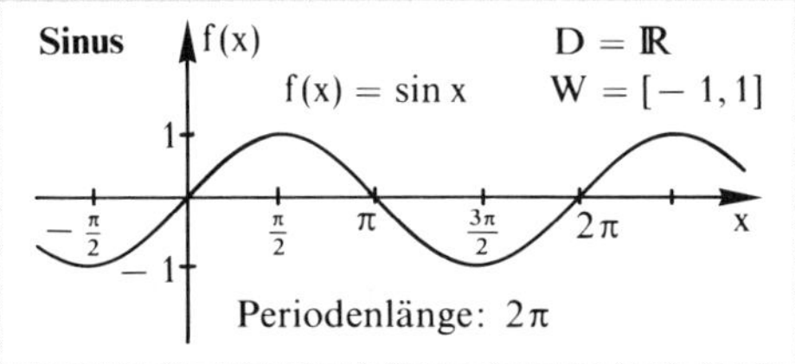

Der Funktionsgraph ist punktsymmetrisch zum Ursprung und zu allen Punkten $(z \cdot \pi \mid 0)$, $z \in \mathbb{Z}$.

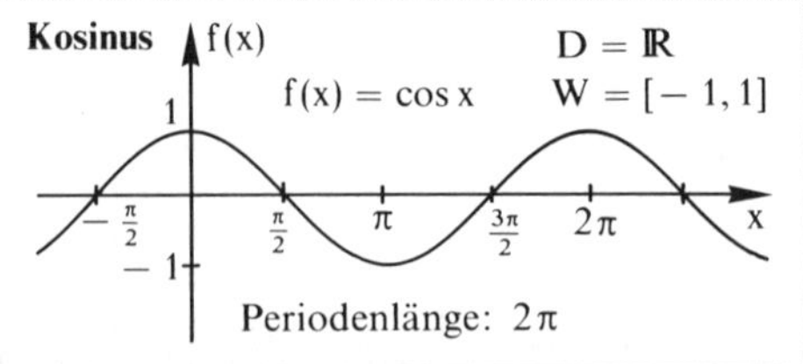

Der Funktionsgraph ist achsensymmetrisch zur f(x)-Achse und zu jeder Parallelen dieser Achse im Abstand $z \cdot \pi$, $z \in \mathbb{Z}$.

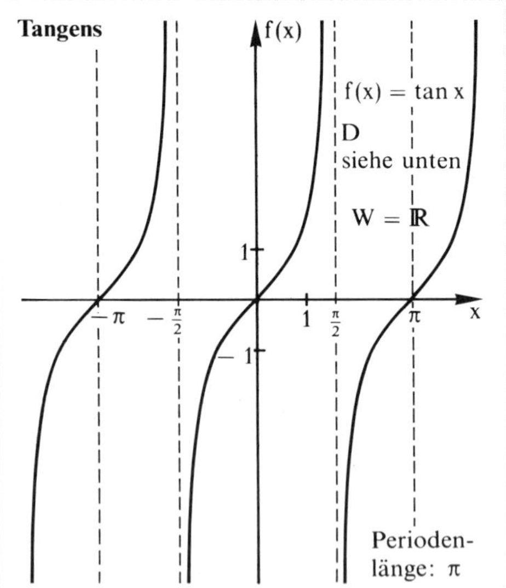

Die Funktion ist für alle reellen Zahlen außer $\frac{\pi}{2}$, $-\frac{\pi}{2}$, $\frac{3\pi}{2}$, $-\frac{3\pi}{2}$, $\frac{5\pi}{2}$, $-\frac{5\pi}{2}$, ... definiert. Der Funktionsgraph ist punktsymmetrisch zum Ursprung und zu allen Punkten $(z \cdot \pi \mid 0)$, $z \in \mathbb{Z}$.

Stochastik

Beschreibende Statistik

absolute Häufigkeit n_i: Anzahl, mit der die *Merkmalsausprägung* x_i in der *Stichprobe* vom *Umfang* n auftritt

relative Häufigkeit h_i: $h_i = \frac{n_i}{n}$, $n = n_1 + n_2 + \ldots + n_k$
(k = Anzahl der verschiedenen Merkmalsausprägungen)

Mittelwerte

Arithmetisches Mittel $\bar{x}$: $\bar{x} = \frac{n_1 x_1 + n_2 x_2 + \ldots + n_k x_k}{n}$; also $\bar{x} = h_1 x_1 + h_2 x_2 + \ldots + h_k x_k$
Mittelwert z. B. bei Anzahlen, Längen, Geldbeträgen

Median $\tilde{x}$: (Zentralwert) $\tilde{x}$ steht in der Mitte aller *angeordneten* Merkmalsausprägungen (z. B. Schulnoten, Beliebtheitsskala)

Modus $\hat{x}$: die am häufigsten auftretende Merkmalsausprägung

Geometrisches Mittel G: $G = \sqrt[n]{x_1^{n_1} \cdot x_2^{n_2} \cdot \ldots \cdot x_k^{n_k}}$
Mittelwert bei Zuwachsraten (z. B. Zuwachs 5 % $\Rightarrow x_i = 1{,}05$)

Harmonisches Mittel H: $\frac{1}{H} = \frac{1}{n} \cdot \left(\frac{n_1}{x_1} + \frac{n_2}{x_2} + \ldots + \frac{n_k}{x_k}\right)$
Mittelwert z. B. von Geschwindigkeiten (n_i = Streckenlänge, die mit der Geschwindigkeit x_i zurückgelegt wurde)

Elementare Wahrscheinlichkeitsrechnung

LAPLACE-Versuch: Alle möglichen Ergebnisse (Ausgänge) des Zufallsversuchs haben die gleiche Chance.

Wahrscheinlichkeit eines Ereignisses E: $P(E) = \frac{\text{Anzahl der zu E gehörenden Ergebnisse}}{\text{Anzahl der möglichen Ergebnisse}}$

Pfadregeln für mehrstufige Zufallsversuche:

Wahrscheinlichkeit eines Ergebnisses =
Produkt der Wahrscheinlichkeiten längs des zugehörigen Pfades im Baumdiagramm

Wahrscheinlichkeit eines Ereignisses =
Summe der Pfadwahrscheinlichkeiten der zugehörigen Ergebnisse

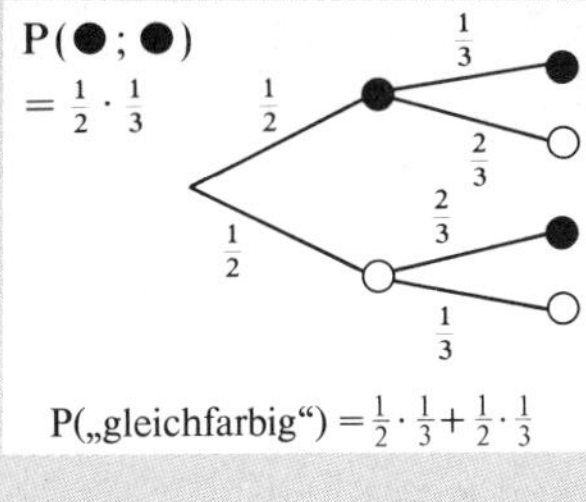

Häufigkeitsinterpretation der Wahrscheinlichkeit:
›Ein Ergebnis tritt mit Wahrscheinlichkeit p auf‹ bedeutet:
Wird der Zufallsversuch sehr oft (n-mal) durchgeführt, dann kann man damit rechnen, daß das Ergebnis ungefähr $n \cdot p$-mal auftritt.

Zählprinzip: Besteht ein Zufallsversuch aus k Stufen und ist die Zahl der möglichen Ergebnisse auf den einzelnen Stufen $m_1, m_2, \ldots, m_k$, dann hat der Zufallsversuch $m_1 \cdot m_2 \cdot \ldots \cdot m_k$ mögliche Ergebnisse.

Anwendung des Zählprinzips: Anzahl der Möglichkeiten bei k Ziehungen aus einer Gesamtheit vom Umfang n:

	Ziehung (a) mit Wiederholung	Ziehung (b) ohne Wiederholung	
(1) mit Beachtung der Reihenfolge	(1a) n^k	(1b) $\frac{n!}{(n-k)!}$	(*Variationen*)
(2) ohne Beachtung der Reihenfolge	(2a) $\binom{n+k-1}{k}$	(2b) $\binom{n}{k}$	(*Kombinationen*)

Sonderfälle:
Anzahl der Möglichkeiten, n Dinge anzuordnen = n! (*Permutationen*)

Anzahl der k-elementigen *Teilmengen* einer n-elementigen Menge $= \binom{n}{k}$

Fakultäten: $0! = 1, \quad n! = n \cdot (n-1)! \quad$ für $n \geq 1$, d.h.
$n! = n \cdot (n-1) \cdot (n-2) \cdot \ldots \cdot 3 \cdot 2 \cdot 1$
also: $1! = 1,\ 2! = 2,\ 3! = 6,\ 4! = 24,\ 5! = 120,\ 6! = 720, \ldots$

Näherungswert: für $n \geq 10$: $n! \approx \sqrt{2\pi n} \cdot \left(\frac{n}{e}\right)^n \cdot \left(1 + \frac{1}{12n}\right)$ STIRLINGsche Formel

Binomialkoeffizienten $\binom{n}{k} = \frac{n!}{k!\,(n-k)!} = \frac{n(n-1) \cdot \ldots \cdot (n-k+1)}{k \cdot (k-1) \cdot \ldots \cdot 1}$ (je k Faktoren)

(1) $\binom{n}{k} = \binom{n}{n-k}$ (Symmetrie)

(2) $\binom{n}{0} = \binom{n}{n} = 1$ (Randwerte)

(3) $\binom{n+1}{k+1} = \binom{n}{k} + \binom{n}{k+1}$ (Additionsprinzip)

(4) $\binom{n}{k} = \frac{n-k+1}{k} \cdot \binom{n}{k-1}$ (Rekursionsvorschrift)

PASCALsches Dreieck

1
1 1
1 2 1
1 3 3 1
1 4 6 4 1
1 5 10 10 5 1
1 6 15 20 15 6 1
1 7 21 35 35 21 7 1
1 8 28 56 70 56 28 8 1

Beispiel: $\binom{49}{6} = \frac{49!}{6!\,43!} = \frac{49 \cdot 48 \cdot 47 \cdot 46 \cdot 45 \cdot 44}{6 \cdot 5 \cdot 4 \cdot 3 \cdot 2 \cdot 1} = 13\,983\,816$

Binomischer Lehrsatz

$$(a+b)^n = \binom{n}{0} a^n b^0 + \binom{n}{1} a^{n-1} b^1 + \binom{n}{2} a^{n-2} b^2 + \ldots + \binom{n}{n-1} a^1 b^{n-1} + \binom{n}{n} a^0 b^n$$

Stochastik

Regression und Korrelation

Regressionsgerade: Die zu den n Punkten $P_1(x_1 | y_1)$, $P_2(x_2 | y_2)$, $P_3(x_3 | y_3), \ldots, P_n(x_n | y_n)$ gehörende Regressionsgerade (bzgl. x) verläuft durch den Schwerpunkt $P(\bar{x} | \bar{y})$ der Punktwolke.

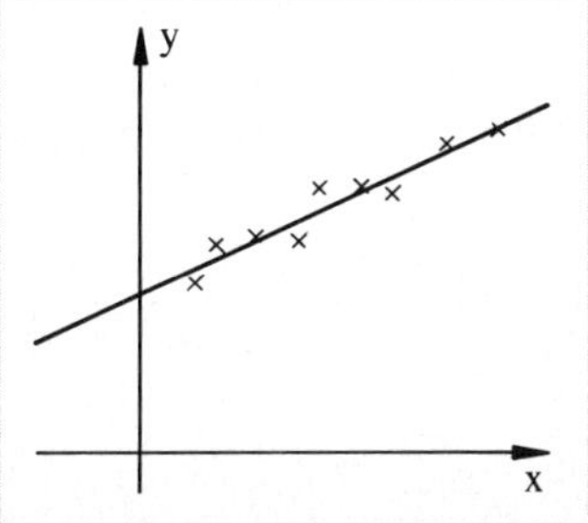

Die Gerade hat die Steigung (*Regressionskoeffizient*):

$$m_x = \frac{S_{xy}}{S_{xx}}, \quad \text{wobei} \quad S_{xy} = \sum_{i=1}^{n} (x_i - \bar{x})(y_i - \bar{y})$$

$$S_{xx} = \sum_{i=1}^{n} (x_i - \bar{x})^2$$

Berechnung günstiger mit:

$$S_{xy} = \sum_{i=1}^{n} x_i y_i - n\bar{x}\bar{y}, \quad S_{xx} = \sum_{i=1}^{n} x_i^2 - n\bar{x}^2$$

Gleichung der *Ausgleichsgeraden:* $y - \bar{y} = m_x(x - \bar{x})$

PEARSONscher Korrelationskoeffizient: $|r| = \sqrt{m_x \cdot m_y}$

wobei $m_y = \frac{S_{xy}}{S_{yy}}$ Steigung der Regressionsgerade bzgl. y

$$S_{yy} = \sum_{i=1}^{n} (y_i - \bar{y})^2 = \sum_{i=1}^{n} y_i^2 - n\bar{y}^2$$

Berechnung: $r = \frac{S_{xy}}{\sqrt{S_{xx} \cdot S_{yy}}}$

|r|	0	]0; 0,3[	[0,3; 0,7[	[0,7; 1[	1
Korrelation	keine	schwache	mittlere	starke	volle

Vorzeichen von r: $r > 0$ Regressionsgerade steigt ($r < 0$: Regressionsgerade fällt)

Empirische Varianz und Stichprobenvarianz

Empirische Varianz $\bar{s}^2$:
mittlere quadratische Abweichung vom Mittelwert $\bar{x}$ einer *Grundgesamtheit:*

$$\bar{s}^2 = \frac{1}{n} \sum_{i=1}^{n} (x_i - \bar{x})^2 = \left(\frac{1}{n} \sum_{i=1}^{n} x_i^2\right) - \bar{x}^2$$

Empirische Standardabweichung: $\bar{s} = \sqrt{\bar{s}^2}$

Stichprobenvarianz s^2:
Streuungsmaß bei der Auswertung von *Stichproben*

$$s^2 = \frac{1}{n-1} \sum_{i=1}^{n} (x_i - \bar{x})^2 = \frac{1}{n-1}\left(\sum_{i=1}^{n} x_i^2 - \frac{1}{n}\left(\sum_{i=1}^{n} x_i\right)^2\right)$$

Stichprobenstreuung: $s = \sqrt{s^2}$

Wahrscheinlichkeitsgrundsätze

Wahrscheinlichkeits-Funktion P:
Funktion, die jedem Ereignis E eines Ergebnisraums $S = \{s_1, s_2, \ldots, s_n\}$ eine reelle Zahl P(E) zuordnet.
Es gelten folgende Wahrscheinlichkeitsgrundsätze (**KOLMOGOROFF-Axiome**):

(1) $P(E) \geq 0$ für beliebige Ereignisse E

(2) $P(S) = 1$

(3) $P(E_1 \cup E_2) = P(E_1) + P(E_2)$ für unvereinbare Ereignisse E_1, E_2 (d.h. $E_1 \cap E_2 = \{\ \}$)

Es gilt auch:

$P(E_1 \cup E_2) = P(E_1) + P(E_2) - P(E_1 \cap E_2)$ **(Summenregel)**

$P(E) + P(\bar{E}) = 1$ mit $\bar{E} = S \setminus E$ **(Komplementärregel)**

Multiplikationsregel, stochastische Unabhängigkeit

bedingte Wahrscheinlichkeit für F unter der Bedingung (Voraussetzung), daß E eingetreten ist:

$P_E(F)$

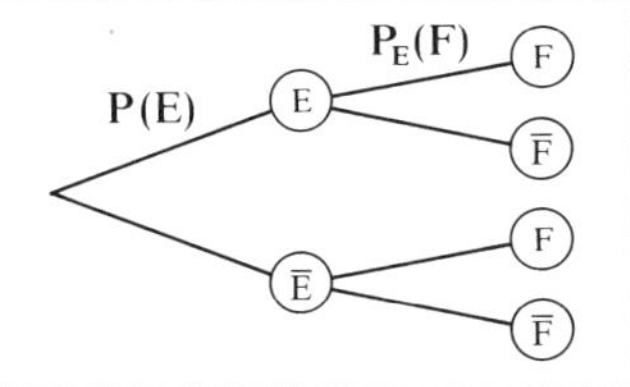

Multiplikationsregel: $P(E \cap F) = P(E) \cdot P_E(F)$

Stochastische Unabhängigkeit:
Ereignisse E, F sind stochastisch voneinander unabhängig, wenn:

$P(E \cap F) = P(E) \cdot P(F)$, d.h. $P(F) = P_E(F)$

Verallgemeinerung der Multiplikationsregel für k Ereignisse:

$$P(E_1 \cap E_2 \cap \ldots \cap E_k) = P(E_1) \cdot P_{E_1}(E_2) \cdot P_{E_1 \cap E_2}(E_3) \cdot P_{E_1 \cap E_2 \cap E_3}(E_4) \cdot \ldots \cdot P_{E_1 \cap E_2 \cap \ldots \cap E_{k-1}}(E_k)$$

Satz von BAYES, totale Wahrscheinlichkeit

Die Berechnung von bedingten Wahrscheinlichkeiten aus gegebenen bedingten Wahrscheinlichkeiten erfolgt mit dem

Satz von BAYES: $P_F(E) = \dfrac{P(E) \cdot P_E(F)}{P(F)}$

Dabei berechnet man P(F) aus der Zerlegung

$F = (F \cap E) \cup (F \cap \bar{E})$, d.h.

$P(F) = P(E) \cdot P_E(F) + P(\bar{E}) \cdot P_{\bar{E}}(F)$

sogenannte **totale Wahrscheinlichkeit**

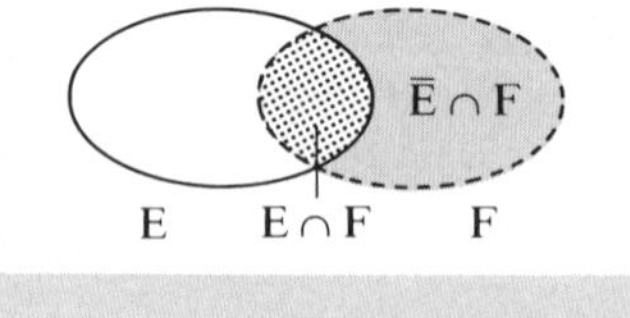

Verallgemeinerung für $S = E_1 \cup E_2 \cup \cdots \cup E_k$ $(E_i \cap E_j = \{\ \})$:

Satz von BAYES: $P_F(E_i) = \dfrac{P(E_i) \cdot P_{E_i}(F)}{P(F)}$, wobei $P(F) = \sum_{i=1}^{k} P(E_i) \cdot P_{E_i}(F)$

Zufallsgrößen

Zufallsgröße X ordnet jedem Ergebnis eines Zufallsversuchs eine reelle Zahl zu.
Das Ereignis $X = k$ enthält alle die Ergebnisse a, für die $X(a) = k$ gilt.

Verteilung von X: Funktion, die jedem möglichen Wert für k die Wahrscheinlichkeit $P(X = k)$ zuordnet.

Diskrete Zufallsgröße: X kann nur endlich viele oder abzählbar unendlich viele Werte annehmen (also $x_1, x_2, \ldots, x_n$ bzw. $x_1, x_2, x_3, x_4, \ldots$).

Stetige Zufallsgröße:
Es gibt eine Funktion f (*Dichtefunktion* der Zufallsgröße X) mit den Eigenschaften

(1) $f(x) \geq 0$ für alle $x \in \mathbb{R}$ (2) $P(X \leq b) = \int_{-\infty}^{b} f(x)\,dx$ (3) $\int_{-\infty}^{+\infty} f(x)\,dx = 1$

Unabhängigkeit von Zufallsgrößen
X, Y stochastisch (voneinander) unabhängig:
Für alle x_i, y_j gilt: $P(X = x_i \wedge Y = y_j) = P(X = x_i) \cdot P(Y = y_j)$.

Erwartungswert und Varianz von Zufallsgrößen

X *diskrete* Zufallsgröße mit den Werten x_i, $i \in \{1, \ldots, n\}$ bzw. $i \in \mathbb{N}$:

Erwartungswert von X: $\mu = E(X) = \sum_i x_i \cdot P(X = x_i)$

Varianz von X: $\sigma^2 = V(X) = \sum_i (x_i - \mu)^2 \cdot P(X = x_i)$

X *stetige* Zufallsgröße mit der Dichtefunktion f:

Erwartungswert von X: $\mu = E(X) = \int_{-\infty}^{+\infty} x \cdot f(x)\,dx$

Varianz von X: $\sigma^2 = V(X) = \int_{-\infty}^{\infty} (x - \mu)^2 \cdot f(x)\,dx$

Standardabweichung von X: $\sigma = \sqrt{V(X)}$

Rechenregeln für Erwartungswerte und Varianzen

(1) $E(aX) = a \cdot E(X)$, $V(aX) = a^2 \cdot V(X)$
(2) $E(a) = a$, $V(a) = 0$
(3) $E(X + Y) = E(X) + E(Y)$
(4) $E(X \cdot Y) = E(X) \cdot E(Y)$, $V(X + Y) = V(X) + V(Y)$ — gilt nur, falls X, Y stochastisch unabhängig
(5) $V(X) = E(X^2) - (E(X))^2$, d.h.
$V(X) = \sum_i x_i^2 \cdot P(X = x_i) - (\sum_i x_i \cdot P(X = x_i))^2$ falls X diskret
$V(X) = \int_{-\infty}^{+\infty} x^2 \cdot f(x)\,dx - \left(\int_{-\infty}^{+\infty} x \cdot f(x)\,dx\right)^2$ falls X stetig.

Ungleichung von TSCHEBYSCHEFF

Abschätzung der Wahrscheinlichkeit von Umgebungen des Erwartungswertes bei *beliebigen* nicht-konstanten Zufallsgrößen ($\varepsilon \in \mathbb{R}^+$, $z \in \mathbb{N}^*$)

$$P(|X - \mu| > n \cdot \varepsilon) < \frac{\sigma^2}{(n\varepsilon)^2} \quad \left(\text{d.h. } P(|X - \mu| \leq n \cdot \varepsilon) > 1 - \frac{\sigma^2}{(n\varepsilon)^2}\right)$$

oder

$$P(|X - \mu| > z \cdot \sigma) < \frac{1}{z^2} \quad \left(\text{d.h. } P(|X - \mu| \leq k \cdot \sigma) > 1 - \frac{1}{k^2}\right)$$

Binomialverteilung

Zufallsversuch: **BERNOULLI-Versuch**
Aus einer Gesamtheit wird n-mal *mit* Zurücklegen gezogen.
Bei der Ziehung unterscheidet man nur (die Ausprägungen) Erfolg bzw. Mißerfolg.
Die Wahrscheinlichkeiten für einen Erfolg (p) bzw. für einen Mißerfolg ($q = 1 - p$) sind auf jeder Stufe gleich.

binomialverteilte Zufallsgröße X: Anzahl der Erfolge beim n-stufigen BERNOULLI-Versuch

$$P(X = k) = \binom{n}{k} \cdot p^k q^{n-k} \qquad k = 0, 1, \ldots, n$$

Zusammenhang mit dem *Binomischen Lehrsatz:*

$$\begin{aligned} 1 = (q + p)^n &= \binom{n}{0} q^n + \binom{n}{1} p q^{n-1} + \binom{n}{2} p^2 q^{n-2} + \ldots + \binom{n}{n-1} p^{n-1} q + \binom{n}{n} p^n \\ &= P(X = 0) + P(X = 1) + P(X = 2) + \ldots + P(X = n - 1) + P(X = n) \end{aligned}$$

Rekursive Berechnung:

$$P(X = 0) = q^n$$

$$P(X = k) = \frac{n - k + 1}{k} \cdot \frac{p}{q} \cdot P(X = k - 1) \qquad k = 1, \ldots, n$$

Erwartungswert: $\mu = E(X) = n \cdot p$ **Varianz:** $\sigma^2 = V(X) = n \cdot p \cdot q$

TSCHEBYSCHEFF-Ungleichung über die Abweichung von relativer Häufigkeit der Anzahl der Erfolge $\frac{X}{n}$ und Erfolgswahrscheinlichkeit p:

$$P\left(\left|\frac{X}{n} - p\right| > \varepsilon\right) < \frac{p \cdot q}{n\varepsilon^2} \leq \frac{1}{4n\varepsilon^2}$$

BERNOULLIsches Gesetz der Großen Zahlen: $\lim\limits_{n \to \infty} P\left(\left|\frac{X}{n} - p\right| \leq \varepsilon\right) = 1$

σ-Regeln (Faustregel: anwendbar, falls $n \cdot p \cdot q > 9$)

$P(|X - \mu| \leq 1 \cdot \sigma) \approx 0{,}68$
$P(|X - \mu| \leq 2 \cdot \sigma) \approx 0{,}955$ (vgl. Approximation durch Normalverteilung S. 31)
$P(|X - \mu| \leq 3 \cdot \sigma) \approx 0{,}997$

Hypergeometrische Verteilung

Zufallsversuch:
Aus einer Gesamtheit vom Umfang N wird eine Stichprobe vom Umfang n gezogen (d. h. nacheinander *ohne* Zurücklegen oder mit einem Griff).
In der Gesamtheit sind zwei Merkmalsausprägungen vom Umfang K bzw. N − K.

hypergeometrisch-verteilte Zufallsgröße X:
Anzahl der Merkmalsträger 1. Art in der Stichprobe

$$P(X = k) = \frac{\binom{K}{k}\binom{N-K}{n-k}}{\binom{N}{n}}, \quad k = 0, 1, \ldots, n$$

Rekursive Berechnung: $P(X = 0) = \frac{\binom{N-K}{n}}{\binom{N}{n}}$

$$P(X = k) = \frac{(K-k+1)(n-k+1)}{(N-K-n+k)\cdot k} \cdot P(X = k-1), \quad k = 1, 2, \ldots, n$$

Erwartungswert: $\mu = E(X) = n \cdot p$

wobei $p = \frac{K}{N}$

Varianz: $\sigma^2 = V(X) = n \cdot p \cdot (1-p) \cdot \frac{N-n}{N-1}$

Approximation durch die *Binomialverteilung*, falls $\frac{N}{n} > 10$

Geometrische Verteilung

Zufallsversuch:
Durchführung eines BERNOULLI-Versuches (vgl. S. 28)

geometrisch-verteilte Zufallsgröße X:
Anzahl der Stufen bis zum ersten Eintreten eines Erfolges

$P(X = k) = p \cdot q^{k-1}, \quad k \in \mathbb{N}^*$

Rekursive Berechnung: $P(X = 1) = p$
$P(X = k) = q \cdot P(X = k-1), \quad k = 2, 3, \ldots,$

Erwartungswert: $\mu = E(X) = \frac{1}{p}$ **Varianz:** $\sigma^2 = V(X) = \frac{q}{p^2}$

Gleichverteilung

Zufallsgröße X nimmt die Werte 1, 2, …, m mit gleicher Wahrscheinlichkeit an:

$P(X = k) = \frac{1}{m}$

Erwartungswert: $\mu = E(X) = \frac{m+1}{2}$ **Varianz:** $\sigma^2 = V(X) = \frac{m^2-1}{12}$

POISSON-Verteilung

Zufallsversuch:
Ein Zeitraum sei in kleine (gleich große) Intervalle zerlegt.
In jedem dieser Intervalle tritt ein bestimmtes Ereignis höchstens einmal ein.
Die Wahrscheinlichkeit für das Eintreten des Ereignisses sei für jedes Intervall gleich groß.
Die Zeitpunkte, in denen das Ereignis eintritt, seien voneinander unabhängig.
Im Mittel trete das Ereignis im gesamten Zeitraum λ-mal ein.

POISSON-verteilte Zufallsgröße X mit Parameter λ:
Anzahl der eingetretenen Ereignisse

$$P(X=k) = \frac{\lambda^k}{k!} e^{-\lambda}, \quad k \in \mathbb{N}$$

Rekursive Berechnung: $P(X=0) = e^{-\lambda}$

$$P(X=k) = \frac{\lambda}{k} \cdot P(X=k-1), \quad k \in \mathbb{N}^*$$

Erwartungswert: $\mu = E(X) = \lambda$ **Varianz:** $\sigma^2 = V(X) = \lambda$

Bei BERNOULLI-Versuchen mit $n \geq 100$ und $p \leq 0{,}1$ kann man näherungsweise eine POISSON-Verteilung mit $\lambda = \mu = n \cdot p$ annehmen.

Normal-Verteilung

Normalverteilte Zufallsgröße X mit Erwartungswert μ und Standardabweichung σ:

X ist eine stetige Zufallsgröße mit der Dichtefunktion
$$f(x) = \frac{1}{\sigma\sqrt{2\pi}} \cdot e^{-\frac{1}{2}\left(\frac{x-\mu}{\sigma}\right)^2}$$

Standardisierung von X:
Die Zufallsgröße $Z = \frac{X-\mu}{\sigma}$ hat Erwartungswert $\mu = 0$, Standardabweichung $\sigma = 1$.

GAUSSsche Dichtefunktion (Dichtefunktion der Standard-Normalverteilung):

$$\varphi(z) = \frac{1}{\sqrt{2\pi}} \cdot e^{-\frac{z^2}{2}}$$

es gilt: $\int_{-\infty}^{+\infty} \varphi(t)\,dt = 1$

GAUSSsche Integralfunktion

$$\phi(z) = \int_{-\infty}^{z} \varphi(t)\,dt$$

ist die *Verteilungsfunktion* zur GAUSSschen Dichtefunktion.

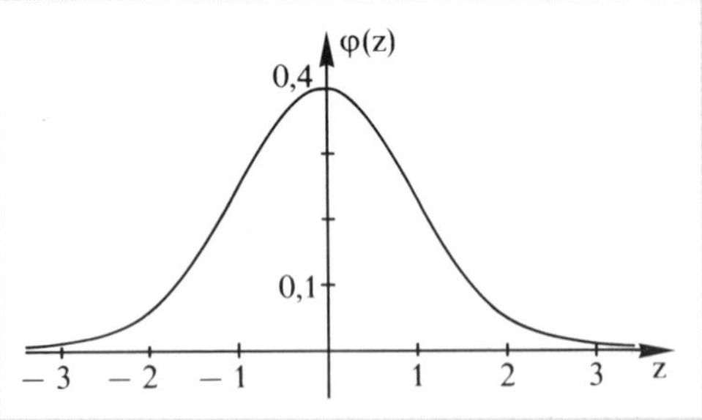

Schnellkonstruktion von φ: $y_m \approx 0{,}4$

z	0	± 0,5	± 1	± 2	± 3
$\varphi(z) \approx$	y_m	$\frac{7}{8} \cdot y_m$	$\frac{5}{8} \cdot y_m$	$\frac{1}{8} \cdot y_m$	$\frac{1}{80} \cdot y_m$

Zentraler Grenzwertsatz

Seien $X_1, X_2, \ldots, X_n$ unabhängige Zufallsgrößen.
Die Zufallsgröße $Y = X_1 + X_2 + \ldots + X_n$ habe Erwartungswert μ, Standardabweichung σ.
Dann gilt unter Bedingungen, die fast immer erfüllt sind (insbesondere, wenn $n > 50$):
Die Zufallsgröße $Z = \frac{Y - \mu}{\sigma}$ ist näherungsweise standard-normalverteilt.

Approximation der Binomialverteilung durch die Normalverteilung

X sei eine binomialverteilte Zufallsgröße mit $n \cdot p \cdot q > 9$.
Dann gelten folgende **Näherungsformeln von MOIVRE und LAPLACE:**

Lokale Näherung

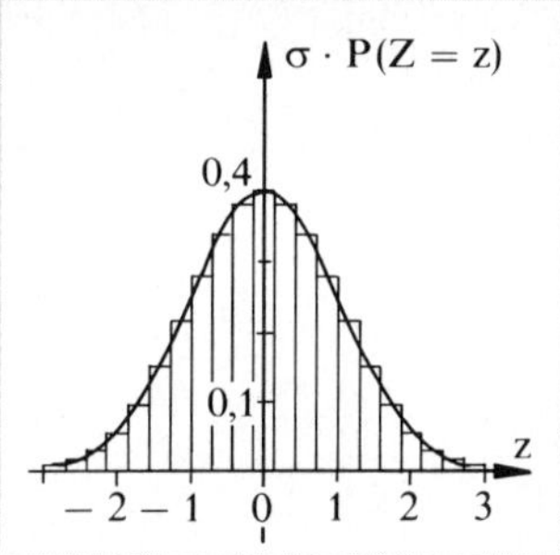

Wahrscheinlichkeit für *genau k Erfolge:*

$$P(X = k) \approx \frac{1}{\sigma} \cdot \varphi\left(\frac{k - \mu}{\sigma}\right)$$

Integrale Näherungen

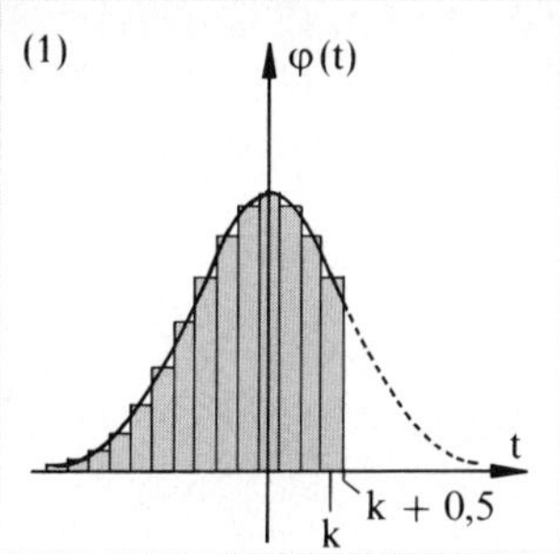

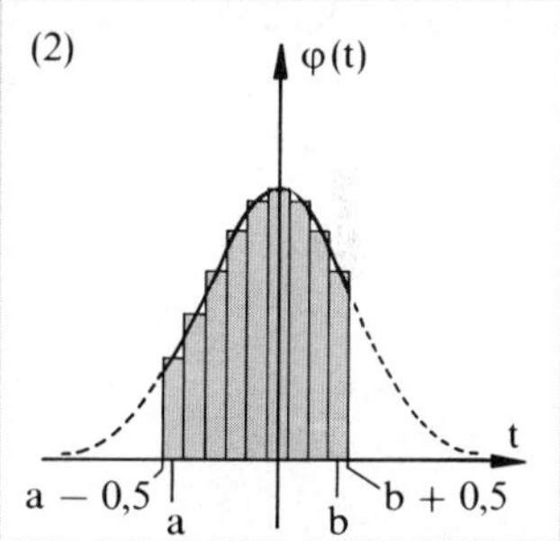

(1) Wahrscheinlichkeit für *höchstens k Erfolge:*

$$P(X \leq k) \approx \phi\left(\frac{k + 0{,}5 - \mu}{\sigma}\right) \overset{(*)}{\approx} \phi\left(\frac{k - \mu}{\sigma}\right)$$

(2) Wahrscheinlichkeit für *mindestens a, höchstens b Erfolge:*

$$P(a \leq X \leq b) \approx \phi\left(\frac{b + 0{,}5 - \mu}{\sigma}\right) - \phi\left(\frac{a - 0{,}5 - \mu}{\sigma}\right)$$

$$\overset{(*)}{\approx} \phi\left(\frac{b - \mu}{\sigma}\right) - \phi\left(\frac{a - \mu}{\sigma}\right)$$

Beispiel: $n = 84,\ p = \frac{1}{6},\ \mu = 14,\ \sigma = 3{,}416$

$$P(10 \leq X \leq 15) \approx \phi\left(\frac{15{,}5 - 14}{3{,}416}\right) - \phi\left(\frac{9{,}5 - 14}{3{,}416}\right)$$

Spezialfall: $a = b = k$ (genau k Erfolge)

$$P(X = k) \approx \phi\left(\frac{k + 0{,}5 - \mu}{\sigma}\right) - \phi\left(\frac{k - 0{,}5 - \mu}{\sigma}\right)$$

Formeln für Umgebungen von μ:

$$P(\mu - z \cdot \sigma \leq X \leq \mu + z \cdot \sigma) \approx \phi\left(z + \frac{1}{2\sigma}\right) - \phi\left(-z - \frac{1}{2\sigma}\right) = 2 \cdot \phi\left(z + \frac{1}{2\sigma}\right) - 1$$

$$\overset{(*)}{\approx} \phi(z) - \phi(-z) = 2\phi(z) - 1$$

(∗): bei großem n

Beurteilende Statistik

Binomialverteilung: Sei X eine binomialverteilte Zufallsgröße, $n \cdot p \cdot q > 9$

Schluß von der Gesamtheit auf die Stichprobe

Gegeben: p und n *Frage:* Mit welchem Ergebnis kann man rechnen?

Punktschätzung: Es werden ungefähr μ Erfolge auftreten, die relative Häufigkeit $\frac{X}{n}$ der Anzahl der Erfolge ist ungefähr p.

Intervallschätzung: Die Anzahl der Erfolge liegt mit Wahrscheinlichkeit γ im Intervall $[\mu - z \cdot \sigma; \mu + z \cdot \sigma]$; die relative Häufigkeit $\frac{X}{n}$ der Anzahl der Erfolge liegt mit Wahrscheinlichkeit γ im Intervall $\left[p - z \cdot \frac{\sigma}{n}; p + z \cdot \frac{\sigma}{n}\right]$.

γ	0,68	0,90	0,95	0,955	0,99	0,997	0,999
z	1	1,64	1,96	2	2,58	3	3,27

Schluß von der Stichprobe auf die Gesamtheit

Gegeben: n und Stichprobenergebnis (Wert für X) *Frage:* Welches p liegt zugrunde?

Mit Wahrscheinlichkeit γ ist der Ansatz $|X - \mu| \leq z \cdot \sigma$
d.h. $|X - n \cdot p| \leq z \cdot \sqrt{n \cdot p \cdot (1 - p)}$ richtig.

Auflösen nach p ergibt das **γ-Konfidenzintervall für p.**

Testen einer Hypothese über p

Ausgehend von einem hypothetischen Wert für p wird der *Annahme-* bzw. *Verwerfungsbereich* bestimmt:

Zweiseitiger Test
Hypothese: $p = p_0$

Entscheidungsregel: Verwirf H_0 bei signifikanter Abweichung
nach oben oder unten
falls: $|X - \mu_0| > z \cdot \sigma_0$

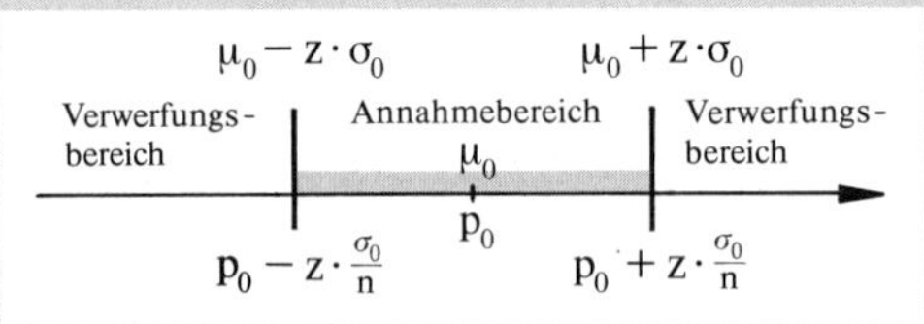

Einseitiger Test
Hypothese: $p \geq p_0$ $[p < p_0]$

nach unten [nach oben], d.h.
$X < \mu_0 - z \cdot \sigma_0$ $[X \geq \mu_0 + z \cdot \sigma_0]$

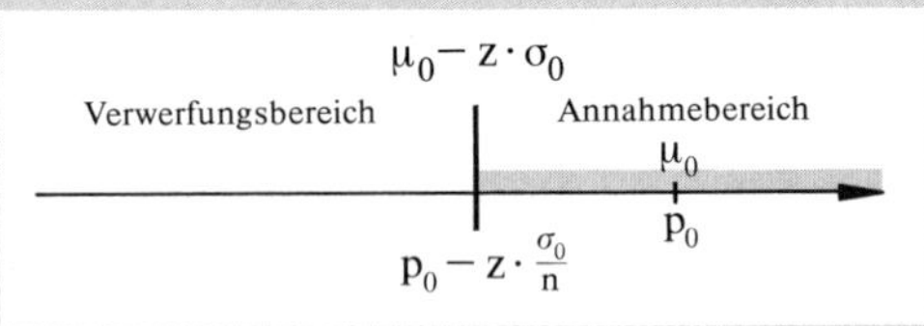

Mit Wahrscheinlichkeit $1 - \gamma$ (zweiseitiger Test) bzw. $1 - \delta$ (einseitiger Test) führt das Verfahren zur Ablehnung von H_0, obwohl H_0 richtig ist (*Fehler 1. Art*).
Fehler 2. Art: H_0 ist falsch, wird aber wegen des Ergebnisses des Zufallsversuchs nicht verworfen.

δ bzw. γ: Signifikanzniveau
$1 - \delta$ bzw. $1 - \gamma$: Irrtumswahrscheinlichkeit

δ	0,90	0,95	0,99	0,999
z	1,28	1,64	2,33	3,09

Beurteilende Statistik

Normalverteilung

Ein Zufallsversuch mit der Zufallsgröße X werde n-mal durchgeführt.
X_i sei die Zufallsgröße der i-ten Stufe mit

$\mu_X = E(X) = E(X_i)$ und $\sigma_X^2 = V(X) = V(X_i)$

$\sqrt{n}$-Gesetz: Für das Stichprobenmittel $\bar{X} = \frac{1}{n}(X_1 + \ldots + X_n)$ gilt:

$\mu_{\bar{X}} = E(\bar{X}) = E(X) = \mu_X$, $\qquad \sigma_{\bar{X}} = \sqrt{V(\bar{X})} = \sqrt{\frac{1}{n} V(X)} = \frac{\sigma_X}{\sqrt{n}}$.

Nach Zentralem Grenzwertsatz ist $\bar{X}$ annähernd normalverteilt, wenn n hinreichend groß.
Dann sind Wahrscheinlichkeitsaussagen über $\bar{X}$ möglich, z. B.

$P\left(|\bar{X} - \mu_X| \leq 1{,}96 \frac{\sigma_X}{\sqrt{n}}\right) \approx 0{,}95$ (vgl. S. 32)

χ^2-Anpassungstest

Polynomialversuch:
Ein Zufallsversuch werde n-mal durchgeführt.
Auf jeder Stufe kann eines von r möglichen Ergebnissen mit festen Wahrscheinlichkeiten $p_1, p_2, \ldots, p_r$ auftreten (Merkmal mit r Ausprägungen).
Anzahl der Freiheitsgrade: $f = r - 1$.

Vergleich der absoluten Häufigkeiten H_i mit den Erwartungswerten $\mu_i = n \cdot p_i$ (bzw. der relativen Häufigkeiten h_i mit den Erfolgswahrscheinlichkeiten p_i):

$$\chi^2 = \sum_{i=1}^{r} \frac{(H_i - \mu_i)^2}{\mu_i} = n \cdot \sum_{i=1}^{r} \frac{(h_i - p_i)^2}{p_i} = \frac{1}{n}\left(\sum \frac{H_i^2}{p_i}\right) - n$$

Spezialfall $r = 2$: $\chi^2 = \left(\frac{X - \mu}{\sigma}\right)^2$ (Binomialverteilung)

Entscheidungsregel: Verwirf die Hypothese
›Dem Zufallsversuch liegen die Wahrscheinlichkeiten $p_1, p_2, \ldots, p_r$ zugrunde‹
falls $\chi^2 > C_f$.

$f = r - 1$	1	2	3	4	5	6	7	8
C_f für $P(\chi^2 > C_f) = 0{,}05$	3,84	5,99	7,81	9,49	11,07	12,59	14,07	15,51
C_f für $P(\chi^2 > C_f) = 0{,}01$	6,63	9,21	11,34	13,28	15,09	16,81	18,48	20,09

Beispiel: $r = 3$ (d. h. $f = 2$) $\quad p_1 = 0{,}2;\ p_2 = 0{,}3;\ p_3 = 0{,}5;\ n = 50$

$\mu_1 = 10;\ \mu_2 = 15;\ \mu_3 = 25$

$$\chi^2(12; 18; 20) = \frac{(12-10)^2}{10} + \frac{(18-15)^2}{15} + \frac{(20-25)^2}{25}$$

$$= 0{,}4 + 0{,}6 + 2 < 5{,}99$$

also keine signifikante Abweichung

Tafel: GAUSSsche Integralfunktion $\Phi(z) = \frac{1}{\sqrt{2\pi}} \int_{-\infty}^{z} e^{-\frac{t^2}{2}} dt$

z	Φ(− z)	Φ(z)
	0,	**0,**
0,01	4960	5040
0,02	4920	5080
0,03	4880	5120
0,04	4840	5160
0,05	4801	5199
0,06	4761	5239
0,07	4721	5279
0,08	4681	5319
0,09	4641	5359
0,10	4602	5398
0,11	4562	5438
0,12	4522	5478
0,13	4483	5517
0,14	4443	5557
0,15	4404	5596
0,16	4364	5636
0,17	4325	5675
0,18	4286	5714
0,19	4247	5753
0,20	4207	5793
0,21	4168	5832
0,22	4129	5871
0,23	4090	5910
0,24	4052	5948
0,25	4013	5987
0,26	3974	6026
0,27	3936	6064
0,28	3897	6103
0,29	3859	6141
0,30	3821	6179
0,31	3783	6217
0,32	3745	6255
0,33	3707	6293
0,34	3669	6331
0,35	3632	6368
0,36	3594	6406
0,37	3557	6443
0,38	3520	6480
0,39	3483	6517
0,40	3446	6554
0,41	3409	6591
0,42	3372	6628
0,43	3336	6664
0,44	3300	6700
0,45	3264	6736
0,46	3228	6772
0,47	3192	6808
0,48	3156	6844
0,49	3121	6879
0,50	3085	6915
0,51	3050	6950
0,52	3015	6985
0,53	2981	7019
0,54	2946	7054
0,55	2912	7088
0,56	2877	7123
0,57	2843	7157
0,58	2810	7190
0,59	2776	7224
0,60	2743	7257
0,61	2709	7291
0,62	2676	7324
0,63	2643	7357
0,64	2611	7389
0,65	2578	7422
0,66	2546	7454
0,67	2514	7486
0,68	2483	7517
0,69	2451	7549
0,70	2420	7580
0,71	2389	7611
0,72	2358	7642
0,73	2327	7673
0,74	2296	7704
0,75	2266	7734

z	Φ(− z)	Φ(z)
	0,	**0,**
0,76	2236	7764
0,77	2206	7794
0,78	2177	7823
0,79	2148	7852
0,80	2119	7881
0,81	2090	7910
0,82	2061	7939
0,83	2033	7967
0,84	2005	7995
0,85	1977	8023
0,86	1949	8051
0,87	1922	8078
0,88	1894	8106
0,89	1867	8133
0,90	1841	8159
0,91	1814	8186
0,92	1788	8212
0,93	1762	8238
0,94	1736	8264
0,95	1711	8289
0,96	1685	8315
0,97	1660	8340
0,98	1635	8365
9,99	1611	8489
1,00	1587	8413
1,01	1562	8438
1,02	1539	8461
1,03	1515	8485
1,04	1492	8508
1,05	1469	8531
1,06	1446	8554
1,07	1423	8577
1,08	1401	8599
1,09	1379	8621
1,10	1357	8643
1,11	1335	8665
1,12	1314	8686
1,13	1292	8708
1,14	1271	8729
1,15	1251	8749
1,16	1230	8770
1,17	1210	8790
1,18	1190	8810
1,19	1170	8830
1,20	1151	8849
1,21	1131	8869
1,22	1112	8888
1,23	1093	8907
1,24	1075	8925
1,25	1056	8944
1,26	1038	8962
1,27	1020	8980
1,28	1003	8997
1,29	0985	9015
1,30	0968	9032
1,31	0951	9049
1,32	0934	9066
1,33	0918	9082
1,34	0901	9099
1,35	0885	9115
1,36	0869	9131
1,37	0853	9147
1,38	0838	9162
1,39	0823	9177
1,40	0808	9192
1,41	0793	9207
1,42	0778	9222
1,43	0764	9236
1,44	0749	9251
1,45	0735	9265
1,46	0721	9279
1,47	0708	9292
1,48	0694	9306
1,49	0681	9319
1,50	0668	9332

z	Φ(− z)	Φ(z)
	0,	**0,**
1,51	0655	9345
1,52	0643	9357
1,53	0630	9370
1,54	0618	9382
1,55	0606	9394
1,56	0594	9406
1,57	0582	9418
1,58	0571	9429
1,59	0559	9441
1,60	0548	9452
1,61	0537	9463
1,62	0526	9474
1,63	0516	9484
1,64	0505	9495
1,65	0495	9505
1,66	0485	9515
1,67	0475	9525
1,68	0465	9535
1,69	0455	9545
1,70	0446	9554
1,71	0436	9564
1,72	0427	9573
1,73	0418	9582
1,74	0409	9591
1,75	0401	9599
1,76	0392	9608
1,77	0348	9616
1,78	0375	9625
1,79	0367	9633
1,80	0359	9641
1,81	0351	9649
1,82	0344	9656
1,83	0336	9664
1,84	0329	9671
1,85	0322	9678
1,86	0314	9686
1,87	0307	9693
1,88	0301	9699
1,89	0294	9706
1,90	0287	9713
1,91	0281	9719
1,92	0274	9726
1,93	0268	9732
1,94	0262	9738
1,95	0256	9744
1,96	0250	9750
1,97	0244	9756
1,98	0239	9761
1,99	0233	9767
2,00	0228	9772
2,01	0222	9778
2,02	0217	9783
2,03	0212	9788
2,04	0207	9793
2,05	0202	9798
2,06	0197	9803
2,07	0192	9808
2,08	0188	9812
2,09	0183	9817
2,10	0179	9821
2,11	0174	9826
2,12	0170	9830
2,13	0166	9834
2,14	0162	9838
2,15	0158	9842
2,16	0154	9846
2,17	0150	9850
2,18	0146	9854
2,19	0143	9857
2,20	0139	9861
2,21	0136	9864
2,22	0132	9868
2,23	0129	9871
2,24	0125	9875
2,25	0122	9878

z	Φ(− z)	Φ(z)
	0,	**0,**
2,26	0119	9881
2,27	0116	9884
2,28	0113	9887
2,29	0110	9890
2,30	0107	9893
2,31	0104	9896
2,32	0102	9898
2,33	0099	9901
2,34	0096	9904
2,35	0094	9906
2,36	0091	9909
2,37	0089	9911
2,38	0087	9913
2,39	0084	9916
2,40	0082	9918
2,41	0080	9920
2,42	0078	9922
2,43	0075	9925
2,44	0073	9927
2,45	0071	9929
2,46	0069	9931
2,47	0068	9932
2,48	0066	9934
2,49	0064	9936
2,50	0062	9938
2,51	0060	9940
2,52	0059	9941
2,53	0057	9943
2,54	0055	9945
2,55	0054	9946
2,56	0052	9948
2,57	0051	9949
2,58	0049	9951
2,59	0048	9952
2,60	0047	9953
2,61	0045	9955
2,62	0044	9956
2,63	0043	9957
2,64	0041	9959
2,65	0040	9960
2,66	0039	9961
2,67	0038	9962
2,68	0037	9963
2,69	0036	9964
2,70	0035	9965
2,71	0034	9966
2,72	0033	9967
2,73	0032	9968
2,74	0031	9969
2,75	0030	9970
2,76	0029	9971
2,77	0028	9972
2,78	0027	9973
2,79	0026	9974
2,80	0026	9974
2,81	0025	9975
2,82	0024	9976
2,83	0023	9977
2,84	0023	9977
2,85	0022	9978
2,86	0021	9979
2,87	0021	9979
2,88	0020	9980
2,89	0019	9981
2,90	0019	9981
2,91	0018	9982
2,92	0018	9982
2,93	0017	9983
2,94	0016	9984
2,95	0016	9984
2,96	0015	9985
2,97	0015	9985
2,98	0014	9986
2,99	0014	9986
3,00	0013	9987

Analysis

Funktionen

$f = \{(x \mid y) \mid x \in D_f \wedge y \in W_f\}$ Menge von Zahlenpaaren mit:
Zu jedem $x \in D_f$ gehört genau ein $y \in W_f$ (Schreibweise: $y = f(x)$)
D_f = Definitionsmenge, W_f = Wertemenge

Folgen

Folge $(a_n)_{n \in \mathbb{N}}$: Funktion mit $D_f = \mathbb{N}^*$ Folgenglieder: $a_1, a_2, a_3, \ldots$

Spezielle Folgen

arithmetische Folge

Differenz zweier benachbarter Glieder ist konstant:

$$a_{n+1} - a_n = d$$

Berechnung des n-ten Folgengliedes:

$$a_n = a_1 + (n-1) \cdot d$$

Berechnung der Summe der ersten n Glieder: $s_n = a_1 + a_2 + \ldots + a_n$ (Reihe)

$$s_n = \frac{n}{2}(a_1 + a_n)$$

$$s_n = \frac{n}{2}(2a_1 + (n-1) \cdot d)$$

geometrische Folge

Quotient zweier benachbarter Glieder ist konstant:

$$\frac{a_{n+1}}{a_n} = q$$

Berechnung des n-ten Folgengliedes:

$$a_n = a_1 \cdot q^{n-1}$$

Berechnung der Summe der ersten n Glieder: $s_n = a_1 + a_2 + \ldots + a_n$ (Reihe)

$$s_n = a_1 \cdot \frac{1-q^n}{1-q}$$

$$s_n = a_1 \cdot \frac{q^n - 1}{q - 1}$$

Unendliche geometrische Reihe:

$$s = \lim_{n \to \infty} s_n = \frac{a_1}{1-q} \quad \text{falls } |q| < 1$$

Folgen mit Grenzwert e

$$a_n = \left(1 + \frac{1}{n}\right)^n \qquad b_n = \frac{1}{0!} + \frac{1}{1!} + \frac{1}{2!} + \frac{1}{3!} + \ldots + \frac{1}{n!}$$

Potenzsummen

$$1 + 2 + 3 + \ldots + n = \sum_{k=1}^{n} k = \tfrac{1}{2}n(n+1)$$

$$1^2 + 2^2 + 3^2 + \ldots + n^2 = \sum_{k=1}^{n} k^2 = \tfrac{1}{6}n(n+1)(2n+1)$$

$$1^3 + 2^3 + 3^3 + \ldots + n^3 = \sum_{k=1}^{n} k^3 = \tfrac{1}{4}n^2(n+1)^2$$

$$1^4 + 2^4 + 3^4 + \ldots + n^4 = \sum_{k=1}^{n} k^4 = \tfrac{1}{30}n(n+1)(2n+1)(3n^2+3n-1)$$

Grenzwert von Folgen

$(a_n)_{n \in \mathbb{N}}$ konvergent mit Grenzwert a (Schreibweise: $\lim\limits_{n \to \infty} a_n = a$):
Die Folgenglieder unterscheiden sich schließlich beliebig wenig von a, d. h.:

Zu jedem $\varepsilon \in \mathbb{R}^+$ kann man ein a_{n_0} angeben, so daß für alle weiteren Folgenglieder a_n mit $n > n_0$ gilt: $|a_n - a| < \varepsilon$

$(a_n)_{n \in \mathbb{N}}$ Nullfolge: $\lim\limits_{n \to \infty} (a_n) = 0$

$(a_n)_{n \in \mathbb{N}}$ divergent: $(a_n)_{n \in \mathbb{N}}$ nicht konvergent

Grenzwertsätze

$\lim\limits_{n \to \infty} a_n = a, \quad \lim\limits_{n \to \infty} b_n = b \quad (a, b \in \mathbb{R})$

(1) $\lim\limits_{n \to \infty} (a_n \pm b_n) = a \pm b$ (2) $\lim\limits_{n \to \infty} (a_n \cdot b_n) = a \cdot b$

(3) $\lim\limits_{n \to \infty} \left(\frac{a_n}{b_n}\right) = \frac{a}{b}$, falls $b \neq 0$, $b_n \neq 0$

Beispiel: Anwendung der Grenzwertsätze

$$a_n = \frac{5n^3 + 2n^2 - 4}{3n^3 - n + 1} = \frac{n^3\left(5 + \frac{2}{n} - \frac{4}{n^3}\right)}{n^3\left(3 - \frac{1}{n^2} + \frac{1}{n^3}\right)}$$

$$\lim_{n \to \infty} a_n = \frac{5 + 0 - 0}{3 - 0 + 0} = \frac{5}{3} \quad \text{nach (1) und (3).}$$

Monotonie von Folgen und Funktionen

$(a_n)_{n \in \mathbb{N}}$ monoton fallend:	$a_n \geq a_{n+1}$	für alle $n \in \mathbb{N}$
$(a_n)_{n \in \mathbb{N}}$ streng monoton fallend:	$a_n > a_{n+1}$	für alle $n \in \mathbb{N}$
$(a_n)_{n \in \mathbb{N}}$ monoton steigend:	$a_n \leq a_{n+1}$	für alle $n \in \mathbb{N}$
$(a_n)_{n \in \mathbb{N}}$ streng monoton steigend:	$a_n < a_{n+1}$	für alle $n \in \mathbb{N}$

f monoton fallend auf I:	$f(x_1) \geq f(x_2)$	für alle $x_1, x_2 \in I$	mit $x_1 < x_2$
f streng monoton fallend auf I:	$f(x_1) > f(x_2)$	für alle $x_1, x_2 \in I$	mit $x_1 < x_2$
f monoton steigend auf I:	$f(x_1) \leq f(x_2)$	für alle $x_1, x_2 \in I$	mit $x_1 < x_2$
f streng monoton steigend auf I:	$f(x_1) < f(x_2)$	für alle $x_1, x_2 \in I$	mit $x_1 < x_2$

Beschränktheit von Folgen und Funktionen

$(a_n)_{n \in \mathbb{N}}$ beschränkt: Es gibt (untere und obere Schranken) S_u, S_o mit:
$S_u \leq a_n \leq S_o$ für alle $n \in \mathbb{N}$

f beschränkt auf I: Es gibt (untere und obere Schranken) S_u, S_o mit:
$S_u \leq f(x) \leq S_o$ für alle $x \in I$

Satz: Monotone und beschränkte Folgen sind konvergent.

Grenzwerte von Funktionen

(1) $\lim\limits_{x \to a} f(x) = g$: Für jede Folge von x-Werten $(x_n)_{n \in \mathbb{N}} \in D_f$ mit $\lim\limits_{n \to \infty} x_n = a$ gilt: $\lim\limits_{n \to \infty} f(x_n) = g$

Andere Schreibweise: $\lim\limits_{h \to 0} f(a + h) = g$, dabei steht h für eine Nullfolge $(h_n)_{n \in \mathbb{N}}$, also $x_n = a + h_n$.

(2) $\lim\limits_{x \to +\infty} f(x) = g$ $[\lim\limits_{x \to -\infty} f(x) = g]$: Für jede Folge von x-Werten $(x_n)_{n \in \mathbb{N}} \in D_f$ mit $\lim\limits_{n \to \infty} x_n = +\infty$ $[-\infty]$ gilt: $\lim\limits_{n \to \infty} f(x_n) = g$.

Stetigkeit von Funktionen

f stetig in a:	Es gilt: $\lim\limits_{x \to a} f(x) = f(a)$, $a \in D_f$
f stetig auf I (Intervall):	Für alle $a \in I$ ist f stetig in a
f in a stetig ergänzbar:	$\lim\limits_{x \to a} f(x)$ existiert, $a \notin D_f$

Sätze über stetige Funktionen

(1) Summen, Differenzen, Produkte und Quotienten von stetigen Funktionen sind wieder stetig (Ausnahme: Nullstellen der Nennerfunktion).

(2) Für stetige Funktionen auf abgeschlossenen Intervallen [a, b] gilt:

(a) *Nullstellensatz:*
Haben f(a) und f(b) verschiedene Vorzeichen, dann existiert $x_0 \in]a; b[$ mit $f(x_0) = 0$.

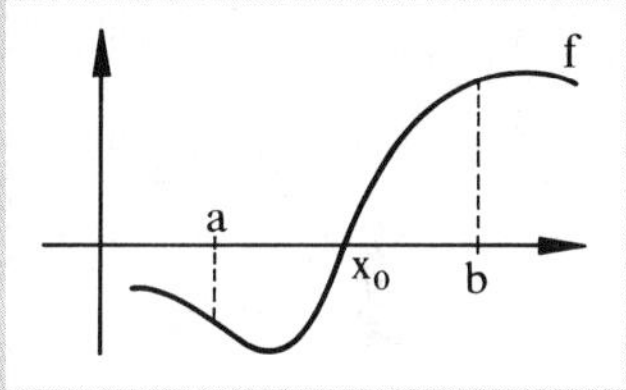

(b) *Zwischenwertsatz:*
Für alle Werte $y_0 \in [f(a); f(b)]$ bzw. $[f(b); f(a)]$ existiert $x_0 \in [a; b]$ mit $f(x_0) = y_0$.

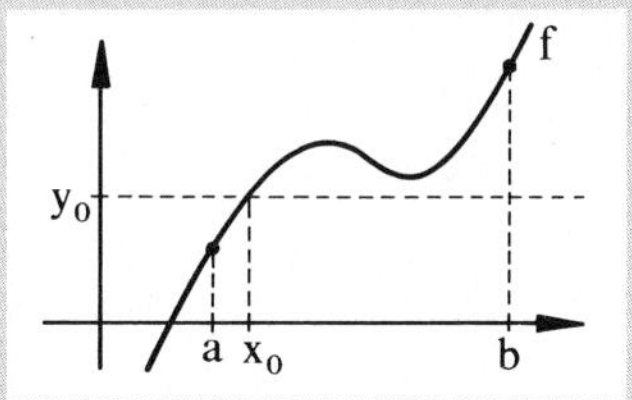

(c) *Satz vom Maximum/Minimum:*
Es existiert mindestens eine Stelle $x_1 \in [a; b]$, an der f ein Maximum hat, und mindestens eine Stelle $x_2 \in [a; b]$, an der f ein Minimum hat.

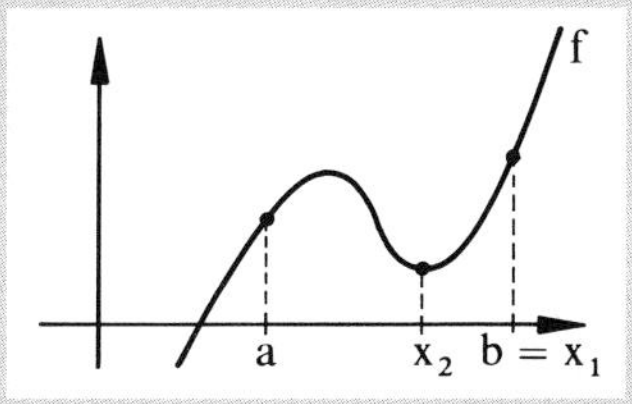

Differenzierbarkeit von Funktionen

Differenzenquotient: Steigung einer Sekante durch $(a \mid f(a))$
Differentialquotient: Grenzwert des Differenzenquotienten

$$f'(a) = \lim_{x \to a} \frac{f(x) - f(a)}{x - a} = \lim_{h \to 0} \frac{f(a+h) - f(a)}{h} \quad \text{(Ableitung)}$$

f differenzierbar in a: $f'(a)$ existiert
f differenzierbar auf I: Für alle $a \in I$ existiert $f'(a)$

Tangenten an den Graphen

Gleichung der Tangente an den Graphen von f im Punkt $(a \mid f(a))$:

$t(x) = f'(a) \cdot (x - a) + f(a)$

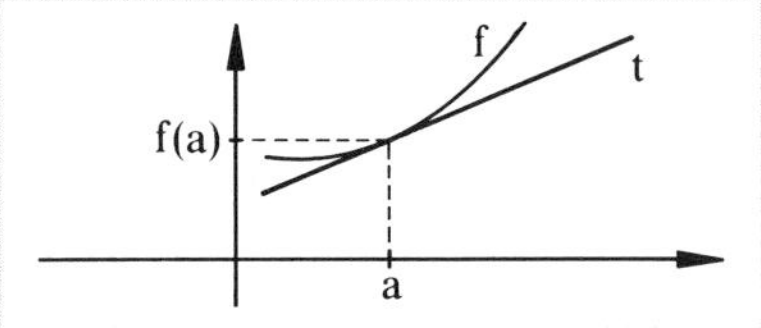

Ableitungsregeln

(1) f, g differenzierbar, $k \in \mathbb{R}$

		Beispiele:
Konstantenregel	$f = \text{konst} \Rightarrow f' = 0$	$f(x) = 3 \qquad f'(x) = 0$
Summenregel	$(f \pm g)' = f' \pm g'$	$(x^2 + x^3)' = 2x + 3x^2$
Faktorregel	$(k \cdot f)' = k \cdot f'$	$(3 \cdot \sin x)' = 3 \cdot \cos x$
Produktregel	$(f \cdot g)' = f' \cdot g + f \cdot g'$	$(x \cdot \sin x)' = 1 \cdot \sin x + x \cdot \cos x$
Quotientenregel [1]	$\left(\frac{f}{g}\right)' = \frac{f' \cdot g - f \cdot g'}{g^2}$	$\left(\frac{x^2}{x+1}\right)' = \frac{2x \cdot (x+1) - x^2 \cdot 1}{(x+1)^2}$
Reziprokenregel [1]	$\left(\frac{1}{g}\right)' = -\frac{g'}{g^2}$	$\left(\frac{1}{\sin x}\right)' = -\frac{\cos x}{(\sin x)^2}$
Kettenregel [2]	$(g \circ f)' = (g' \circ f) \cdot f'$ $(g \circ f)'(a) = g'(f(a)) \cdot f'(a)$	$(\sqrt{x^2 + 1})' = \frac{1}{2 \cdot \sqrt{x^2+1}} \cdot 2x$

[1] $g(x) \neq 0$ [2] Voraussetzung: f in a und g in f(a) differenzierbar

(2) Ableitung der *Umkehrfunktion* $\bar{f}$: $\bar{f}' = \frac{1}{f' \circ \bar{f}}$ Bsp.: $f(x) = x^2$, $a = \bar{f}(b) = \sqrt{b}$

d.h. für $b = f(a)$, also $a = \bar{f}(b)$: $\bar{f}'(b) = \frac{1}{f'(a)}$ $\bar{f}'(b) = \frac{1}{2 \cdot \sqrt{b}}$

(3) Tabelle von Ableitungen einfacher Funktionen (vgl. auch S. 41)

f	c	x^r	$\sqrt{x}$	$\sin x$	$\cos x$	$\tan x$	e^x	a^x	$\ln x$
f′	0	$r \cdot x^{r-1}$	$\frac{1}{2\sqrt{x}}$	$\cos x$	$-\sin x$	$\frac{1}{\cos^2 x}$	e^x	$a^x \cdot \ln a$	$\frac{1}{x}$

Beispiele: $(x^5)' = 5x^4$; $(x^{-3})' = -3x^{-4} = \frac{-3}{x^4}$

Umkehrfunktion

f umkehrbar auf D_f: Jedem Funktionswert $y \in W_f$ kann man eindeutig ein Urbild $x \in D_f$ zuordnen.

Definitions-/Wertemenge von $\bar{f}$: $D_{\bar{f}} = W_f$, $W_{\bar{f}} = D_f$

Graph von $\bar{f}$: Spiegelung des Graphen von f an der Geraden $y = x$

Satz: Streng monotone Funktionen sind umkehrbar.

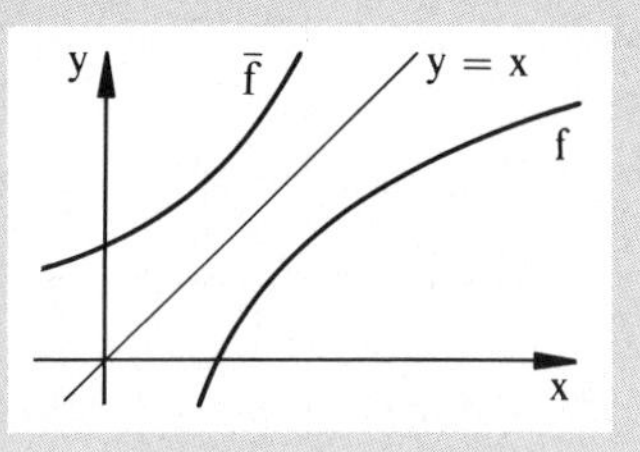

Sätze über differenzierbare Funktionen

(1) f differenzierbar in $a \Rightarrow$ f stetig in a.

(2) *Mittelwertsatz der Differentialrechnung:*
f differenzierbar auf $[a; b] \Rightarrow$
Es existiert mindestens eine Stelle $x_0 \in]a; b[$ mit
$f'(x_0) = \frac{f(b) - f(a)}{b - a}$
(Tangentensteigung in x_0 = Steigung der Sekante durch $(a \mid f(a))$, $(b \mid f(b))$)

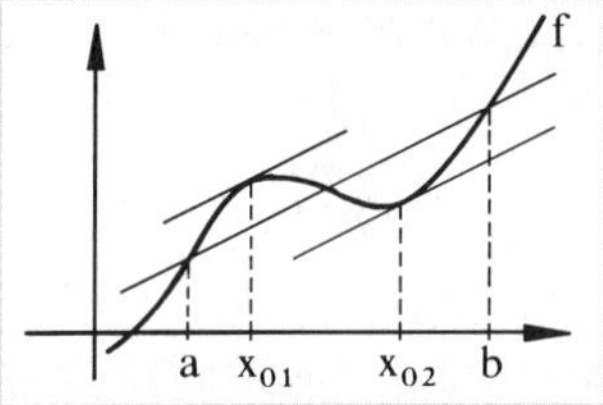

(3) *Monotoniesätze:*
$f'(x) > 0$ auf I $\Rightarrow$ f streng monoton steigend auf I
$f'(x) < 0$ auf I $\Rightarrow$ f streng monoton fallend auf I
$f'(x) = 0$ auf I $\Leftrightarrow$ f konstant auf I

(4) *Satz über Stammfunktionen:*
(F Stammfunktion von f: $F' = f$)
Je zwei Stammfunktionen F_1, F_2 von f unterscheiden sich nur um eine additive Konstante, d. h.
$F_1(x) - F_2(x) =$ konstant

(5) **Regel von de l'HOSPITAL:**
$\lim\limits_{x \to a} \frac{f(x)}{g(x)} = \lim\limits_{x \to a} \frac{f'(x)}{g'(x)}$, falls $\lim\limits_{x \to a} f(x) = \lim\limits_{x \to a} g(x) = 0$ und $\lim\limits_{x \to a} \frac{f'(x)}{g'(x)}$ existiert.

Beispiel: $\lim\limits_{x \to 0} \frac{\sin x}{x} = \lim\limits_{x \to 0} \frac{\cos x}{1} = 1$

Die Regel von de l'HOSPITAL ist auch anwendbar, falls
$\lim\limits_{x \to a} f(x) = \underset{(-)}{+} \infty$, $\lim\limits_{x \to a} g(x) = \underset{(-)}{+} \infty$ und $a = +\infty$ oder $a = -\infty$ oder $a \in \mathbb{R}$.

Beispiele: $\lim\limits_{x \to +\infty} \frac{x^2}{e^x} = \lim\limits_{x \to +\infty} \frac{2x}{e^x} = \lim\limits_{x \to +\infty} \frac{2}{e^x} = 0$

$\lim\limits_{\substack{x \to 0 \\ (x > 0)}} (x \cdot \ln x) = \lim\limits_{x \to 0} \left(\frac{\ln x}{\frac{1}{x}} \right) = \lim\limits_{x \to 0} \left(\frac{\frac{1}{x}}{-\frac{1}{x^2}} \right) = \lim\limits_{x \to 0} (-x) = 0$

Ergänzung des Funktionenkatalogs (S. 21/22)

Umkehrfunktionen der trigonometrischen Funktionen

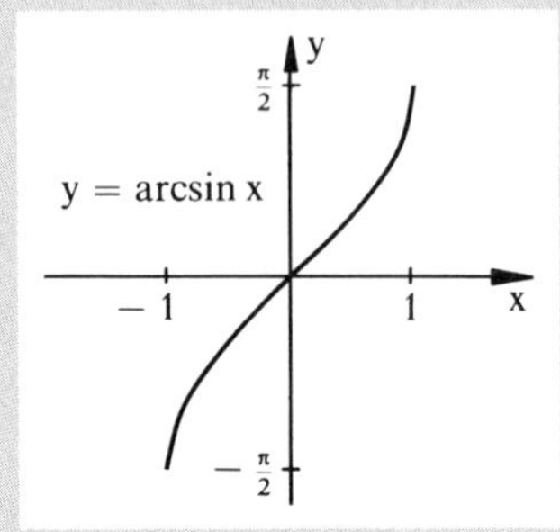

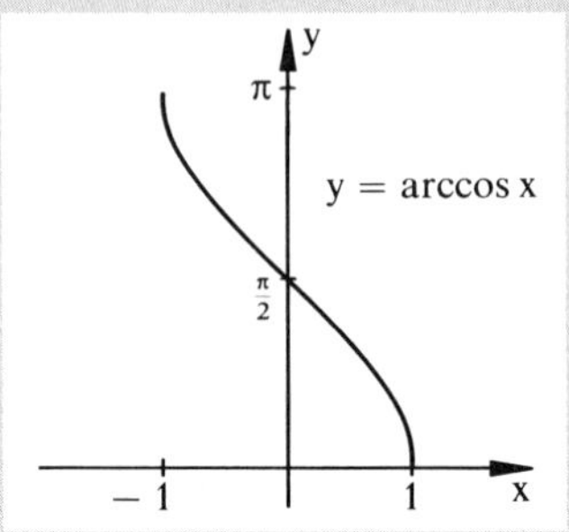

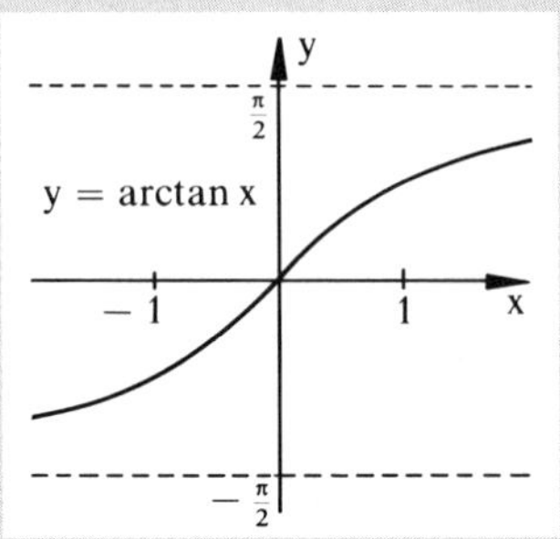

arcsin x: $[-1; 1] \to [-\frac{\pi}{2}; \frac{\pi}{2}]$ arccos x: $[-1; 1] \to [0; \pi]$ arctan x: $\mathbb{R} \to]-\frac{\pi}{2}; +\frac{\pi}{2}[$

Hyperbelfunktionen

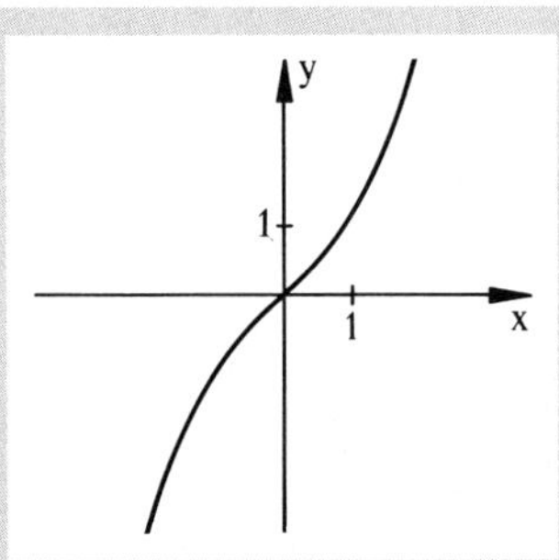

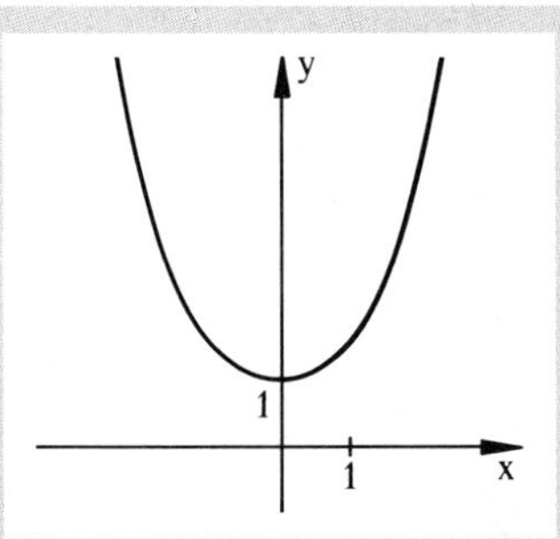

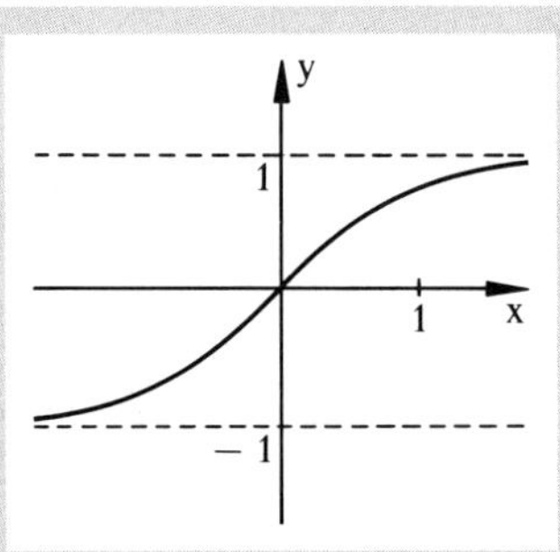

$\sinh x = \frac{1}{2}(e^x - e^{-x})$ $\cosh x = \frac{1}{2}(e^x + e^{-x})$ $\tanh x = \frac{\sinh x}{\cosh x}$

sinh x: $\mathbb{R} \to \mathbb{R}$ cosh x: $\mathbb{R} \to [+1; +\infty[$ tanh x: $\mathbb{R} \to]-1; +1[$

Zusammenhänge: $\cosh^2 x - \sinh^2 x = 1$ $1 - \tanh^2 x = \frac{1}{\cosh^2 x}$

Umkehrfunktionen der Hyperbelfunktionen

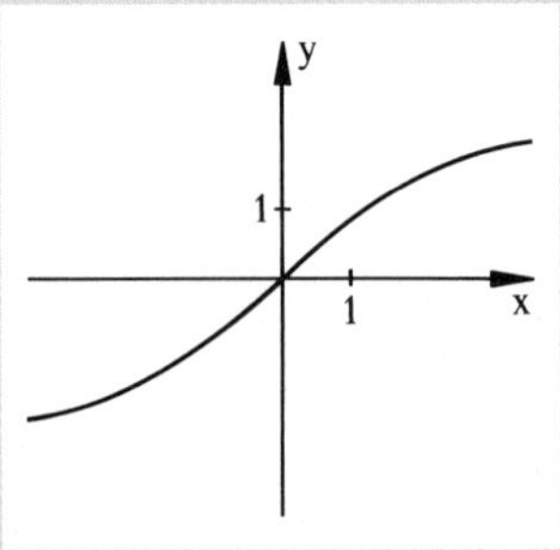

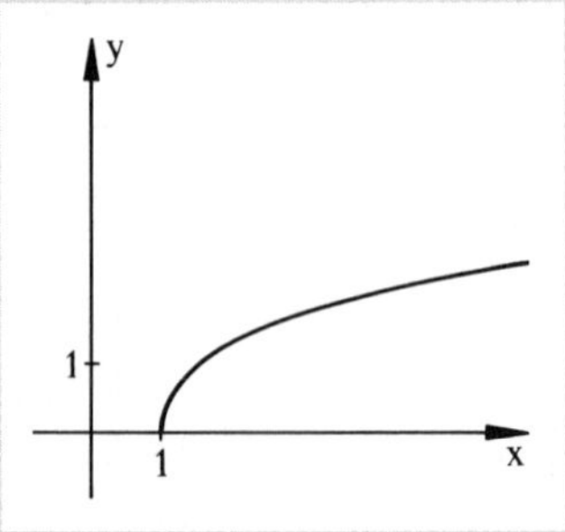

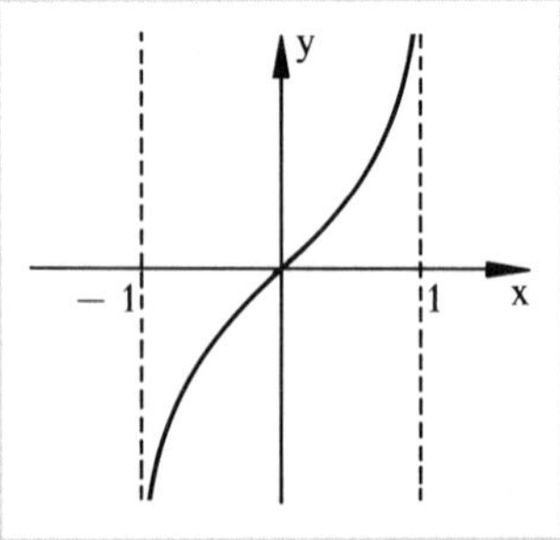

$\operatorname{arsinh} x = \ln(x + \sqrt{x^2 + 1})$ $\operatorname{arcosh} x = \ln(x + \sqrt{x^2 - 1})$ $\operatorname{artanh} x = \frac{1}{2} \ln \frac{1 + x}{1 - x}$

arsinh x: $\mathbb{R} \to \mathbb{R}$ arcosh x: $[+1; +\infty[\to \mathbb{R}_0^+$ artanh x: $]-1; +1[\to \mathbb{R}$

Ableitungen und Stammfunktionen

$F'(x) = f(x)$	$F(x)$	$F'(x) = f(x)$	$F(x)$
$x^r,\ r \neq 1$	$\frac{x^{r+1}}{r+1}$	$(ax+b)^r,\ r \neq 1$	$\frac{(ax+b)^{r+1}}{a(r+1)}$
$\sqrt{x}$	$\frac{2}{3} x^{\frac{3}{2}}$	$\sqrt{ax+b}$	$\frac{2}{3a}(ax+b)^{\frac{3}{2}}$
$\frac{1}{x}$	$\ln \lvert x \rvert$	$\frac{1}{x-a}$	$\ln \lvert x-a \rvert$
e^x	e^x	a^x	$\frac{a^x}{\ln a}$
$\ln x$	$x(\ln x - 1)$	$\log_a x$	$\frac{x}{\ln a}(\ln x - 1)$
$\ln a \cdot a^x$	a^x	$\frac{1}{x \cdot \ln a}$	$\log_a x$
$\sin x$	$-\cos x$	$\sinh x$	$\cosh x$
$\cos x$	$\sin x$	$\cosh x$	$\sinh x$
$\tan x$	$-\ln \lvert \cos x \rvert$	$\tanh x$	$\ln \cosh x$
$\frac{1}{\cos^2 x} = 1 + \tan^2 x$	$\tan x$	$\frac{1}{\cosh^2 x} = 1 - \tanh^2 x$	$\tanh x$
$\frac{1}{\sqrt{1-x^2}}$	$\arcsin x$	$\arcsin x$	$x \cdot \arcsin x + \sqrt{1-x^2}$
$-\frac{1}{\sqrt{1-x^2}}$	$\arccos x$	$\arccos x$	$x \cdot \arccos x - \sqrt{1-x^2}$
$\frac{1}{1+x^2}$	$\arctan x$	$\arctan x$	$x \cdot \arctan x - \frac{1}{2}\ln(x^2+1)$
$\frac{1}{\sqrt{x^2+1}}$	$\operatorname{arsinh} x$	$\operatorname{arsinh} x$	$x \operatorname{arsinh} x - \sqrt{x^2+1}$
$\frac{1}{\sqrt{x^2-1}}$	$\operatorname{arcosh} x$	$\operatorname{arcosh} x$	$x \operatorname{arcosh} x - \sqrt{x^2-1}$
$\frac{1}{1-x^2}$	$\operatorname{artanh} x$	$\operatorname{artanh} x$	$x \operatorname{artanh} x + \ln(1-x^2)$
$\frac{1}{\sqrt{a^2-x^2}}$	$\arcsin \frac{x}{a}$	$\sqrt{a^2-x^2}$	$\frac{x}{2}\sqrt{a^2-x^2} + \frac{a^2}{2}\arcsin\frac{x}{a}$
$\frac{1}{\sqrt{x^2 \pm a^2}}$	$\ln \lvert x + \sqrt{x^2 \pm a^2} \rvert$	$\sqrt{x^2 \pm a^2}$	$\frac{x}{2}\sqrt{x^2 \pm a^2} \pm \frac{a^2}{2}\ln \lvert x + \sqrt{x^2 \pm a^2} \rvert$
$\frac{1}{x^2+a^2}$	$\frac{1}{a}\arctan\frac{x}{a}$	$\frac{1}{x^2-a^2}$	$\frac{1}{2a}\ln\left\lvert\frac{x-a}{x+a}\right\rvert$
$\frac{1}{(x-a)(x-b)}$	$\frac{1}{a-b}\ln\left\lvert\frac{x-a}{x-b}\right\rvert$	$\frac{1}{a^2-x^2}$	$\frac{1}{2a}\ln\left\lvert\frac{a+x}{a-x}\right\rvert$
$\sin^2 x$	$\frac{1}{2}(x - \sin x \cos x)$	$\cos^2 x$	$\frac{1}{2}(x + \sin x \cos x)$
$\frac{1}{\sin x}$	$\ln\left\lvert\tan\frac{x}{2}\right\rvert$	$\frac{1}{\cos x}$	$\ln\left\lvert\tan\left(\frac{x}{2}+\frac{\pi}{4}\right)\right\rvert$
$e^{ax}\sin bx$	$\frac{e^{ax}}{a^2+b^2}(a\sin bx - b\cos bx)$	$e^{ax}\cos bx$	$\frac{e^{ax}}{a^2+b^2}(a\cos bx + b\sin bx)$

Graphenuntersuchung

(1) Definitionsmenge
Menge aller x, die eingesetzt werden dürfen.

$$f(x) = \frac{\sqrt{1+x}\cdot(x-4)}{x-3}$$

$D_f = [-1; \infty[\setminus\{3\}$

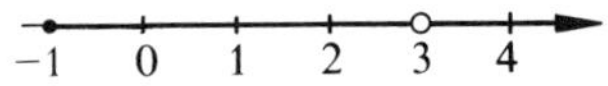

(2) Verhalten an den Rändern der Definitionsmenge:
Untersuchung von $\lim\limits_{x\to+\infty} f(x)$, $\lim\limits_{x\to-\infty} f(x)$ bzw. $\lim\limits_{x\to r} f(x)$, falls r Randstelle oder Definitionslücke ist.

$\lim\limits_{x\to+\infty} f(x) = +\infty$ $\quad$ $\lim\limits_{\substack{x\to-1\\x>-1}} f(x) = 0$

$\lim\limits_{\substack{x\to3\\x>3}} f(x) = -\infty$ $\quad$ $\lim\limits_{\substack{x\to3\\x<3}} f(x) = +\infty$

(3) Nullstellen
$f(x_N) = 0$

$x_{N_1} = -1 \qquad f(-1) = 0$

$x_{N_2} = 4 \qquad f(4) = 0$

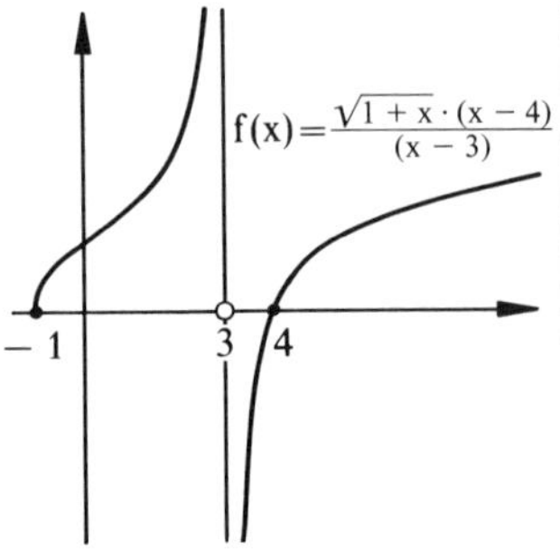

(4) Periodizität
$f(x+p) = f(x)$
$p \mathrel{\hat=}$ Periodenlänge

$f(x) = 2\cdot\sin(\frac{1}{2}x+\pi)$
$f(x+4\pi) = f(x); \quad p = 4\pi$

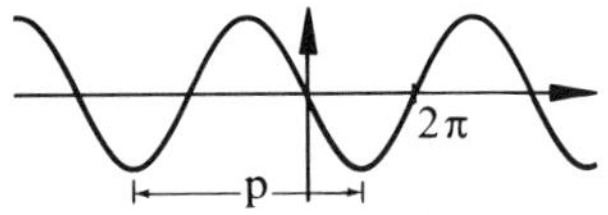

(5) Symmetrie

Achsensymmetrie:

zur y-Achse

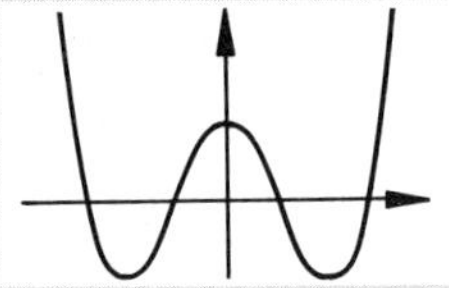

$f(-x) = f(x)$

zu x = a

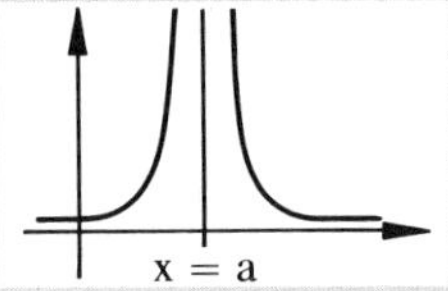

$f(a-x) = f(a+x)$

Punktsymmetrie:

zum Ursprung

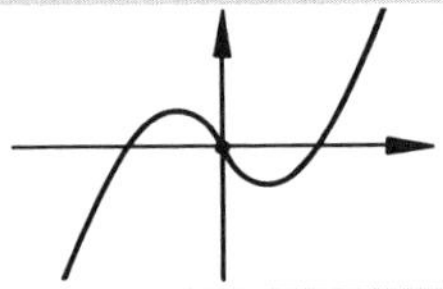

$f(-x) = -f(x)$

zu S(a | b)

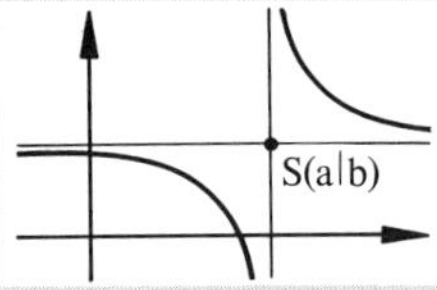

$f(a+x)+f(a-x) = 2b$

Für ganzrationale Funktionen gilt: Treten nur Potenzen von x auf mit
- geraden Exponenten, so liegt Achsensymmetrie zur y-Achse vor.
- ungeraden Exponenten, so liegt Punktsymmetrie zum Ursprung vor.

(6) Monotonie, Extrempunkte
Monotonieintervalle sind bestimmt durch die Nullstellen von f′ und die Definitionslücken
(vgl. Monotoniesätze S. 39)

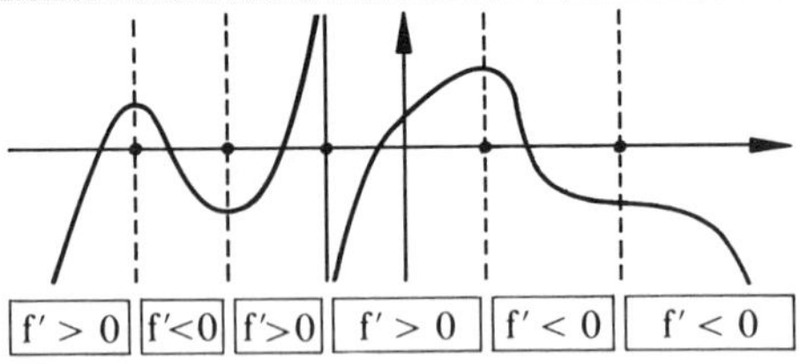

Extremstellen liegen vor, falls:
$f'(x_E) = 0$ und f′ hat Vorzeichenwechsel in x_E
oder: $f'(x_E) = 0$ und $f''(x_E) > 0$ (lokales Minimum)
oder: $f'(x_E) = 0$ und $f''(x_E) < 0$ (lokales Maximum)

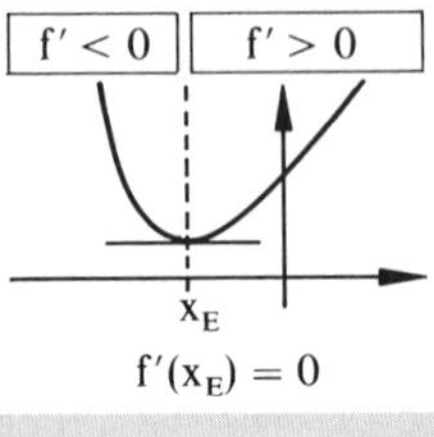

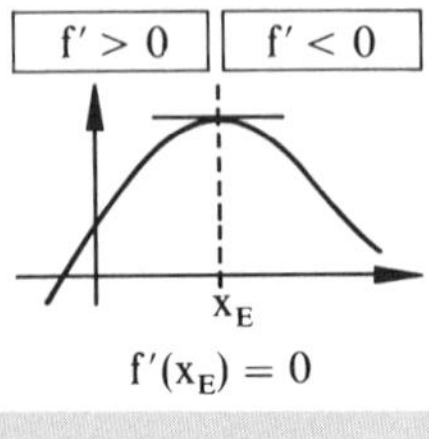

(7) **Wendepunkte, Krümmung**

Krümmungsintervalle sind bestimmt durch die Nullstellen von f'' und die Definitionslücken

$f''(x) > 0$ für $x \in I \Rightarrow$ Linkskrümmung auf I

$f''(x) < 0$ für $x \in I \Rightarrow$ Rechtskrümmung auf I

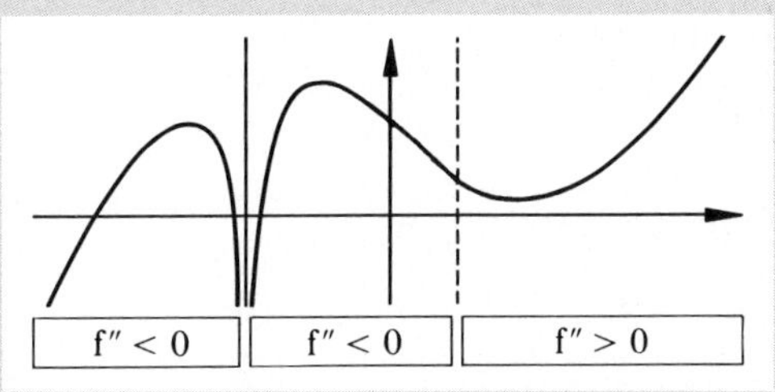

Wendestellen liegen vor, falls:
$f''(x_w) = 0$ und f'' hat Vorzeichenwechsel in x_w oder: $f''(x_w) = 0$ und $f'''(x_w) \neq 0$

Sattelstellen sind Wendestellen mit $f'(x_w) = 0$

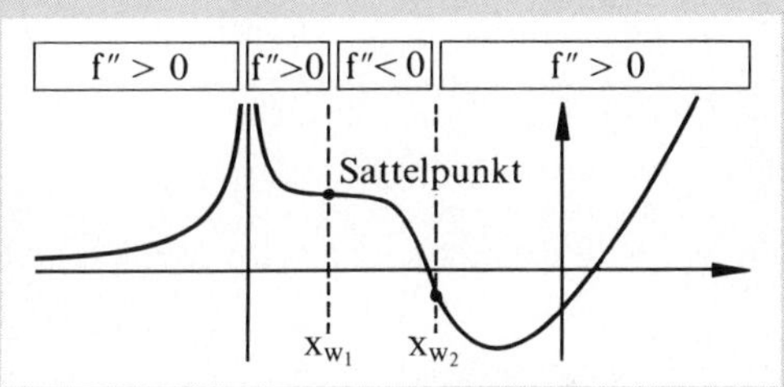

Ergänzung: Gilt $0 = f'(a) = f''(a) = f'''(a) = \ldots = f^{(n-1)}(a)$, aber $f^{(n)}(a) \neq 0$, dann ist
a Extremstelle, falls n gerade
a Sattelstelle, falls n ungerade

(8) **Wertemenge**

Die Menge aller Funktionswerte ist bestimmt durch (2) (Verhalten an den Rändern), (6) (Monotonie, Extrempunkte) und durch Stetigkeit.

Begriffe und Methoden zur Graphenuntersuchung

Asymptotenfunktion

a(x) ist Asymptotenfunktion von f(x), wenn

$$\lim_{\substack{x \to +\infty \\ \text{oder } x \to -\infty}} (f(x) - a(x)) = 0$$

Bei gebrochen-rationalen Funktionen erhält man den Term von a(x) durch Termdivision.

$$f(x) = \frac{x^2 - x + 1}{x - 1}$$

$$(x^2 - x + 1) : (x - 1) = x + \frac{1}{x - 1}$$
$$\underline{-(x^2 - x)}$$
$$1$$

$$a(x) = x$$

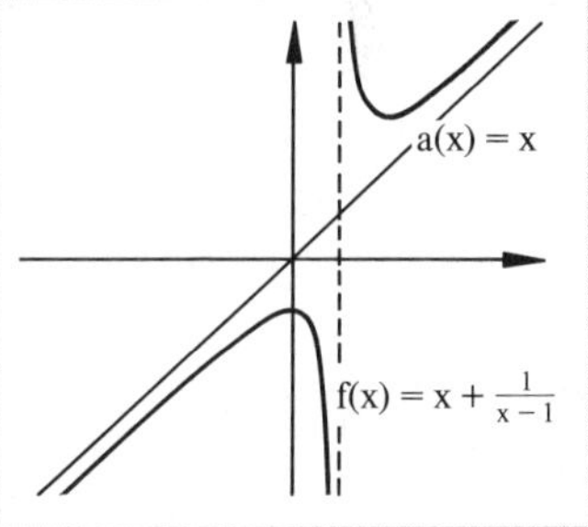

Linearfaktorzerlegung

Bei ganzrationalen Funktionen läßt sich f(x) durch $(x - a)$ teilen, falls $f(a) = 0$; d.h. $f(x) = (x - a) \cdot f_1(x)$.
Der Grad von $f_1(x)$ ist um 1 kleiner als der Grad von f(x).

$$f(x) = x^3 + 4x^2 - 6x + 1 \qquad f(1) = 0$$

$$(x^3 + 4x^2 - 6x + 1) : (x - 1) = x^2 + 5x - 1$$
$$\underline{-(x^3 - x^2)}$$
$$5x^2 - 6x$$
$$\underline{-(5x^2 - 5x)}$$
$$-x + 1$$
$$\underline{-(-x + 1)}$$
$$0$$

$$f(x) = (x - 1) \cdot (x^2 + 5x - 1)$$

Begriffe und Methoden zur Graphenuntersuchung

Definitionslücke

Falls f(a) nicht definiert ist, betrachte rechts- und linksseitige Grenzwerte $\lim\limits_{h \to 0} f(a + h)$ für $h > 0$ bzw. $h < 0$.

Hebbare Definitionslücke

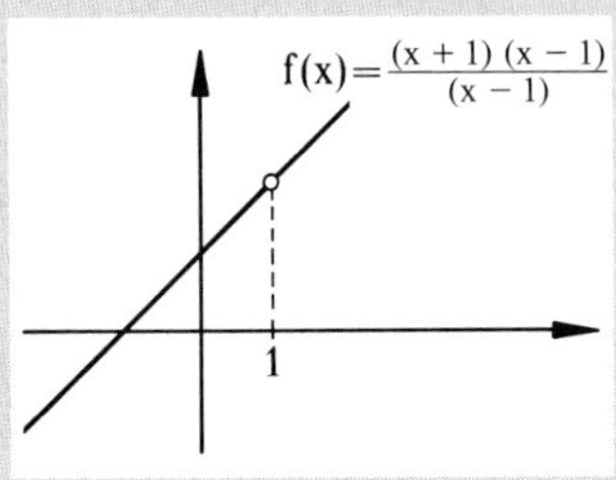

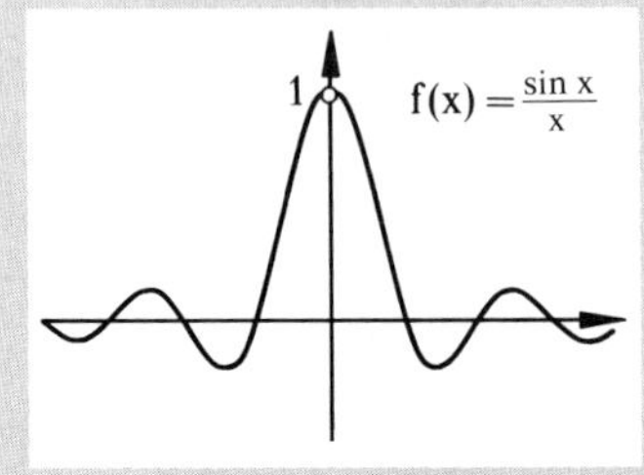

$\lim\limits_{h \to 0} f(a + h)$ existiert: f an der Stelle a stetig ergänzbar

Polstelle

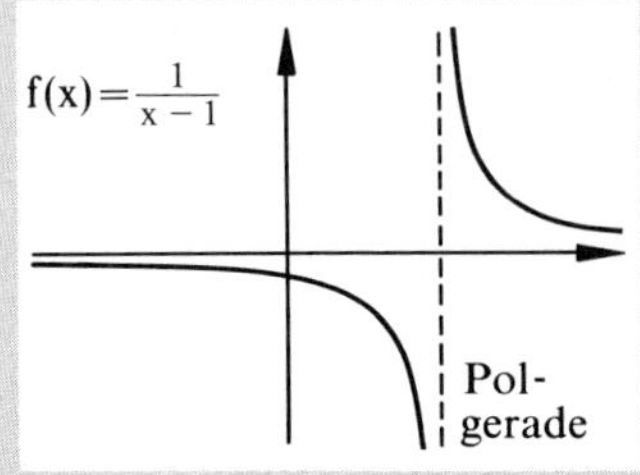

$\lim\limits_{h \to 0} f(a + h) = +\infty \quad h > 0$

$\lim\limits_{h \to 0} f(a + h) = -\infty \quad h < 0$

Extrempunkte

Lokales Maximum: $f(x) < f(a)$ } für eine Umgebung von a, $x \neq a$
Lokales Minimum: $f(x) > f(a)$ }

Krümmung

Linkskrümmung: f′ streng monoton steigend
Rechtskrümmung: f′ streng monoton fallend

Verschiebung

in *horizontaler* Richtung um a:

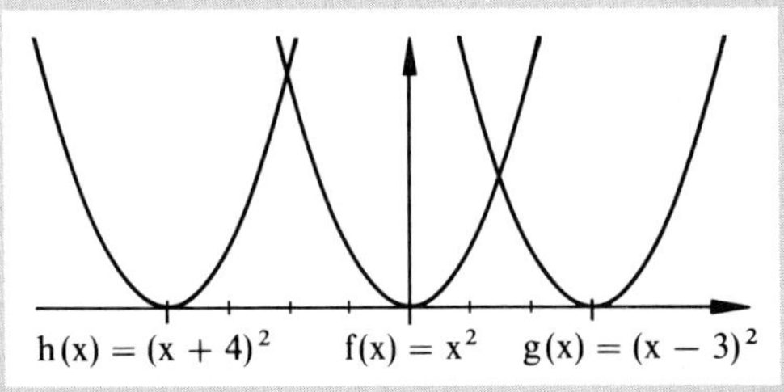

Im Funktionsterm muß x durch x − a ersetzt werden.

in *vertikaler* Richtung um b:

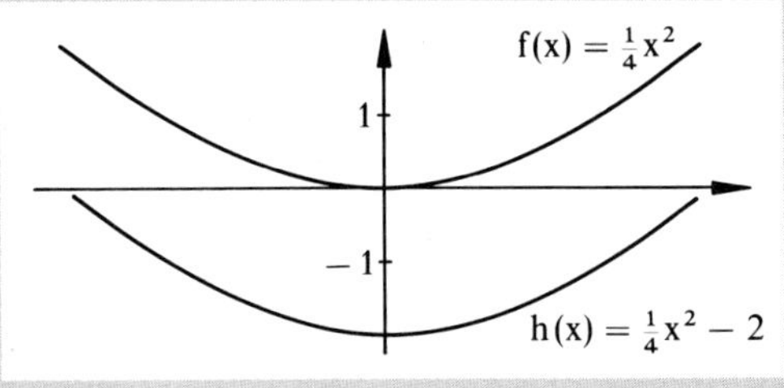

Zum Funktionsterm muß b addiert werden.

Krümmungskreis

Im Berührpunkt P(a | f(a)) stimmen Graph von f und Kreislinie in Steigung und Krümmung überein:

$$M\left(a - f'(a) \cdot \frac{1 + (f'(a))^2}{f''(a)} \,\middle|\, f(a) + \frac{1 + (f'(a))^2}{f''(a)}\right)$$

Radius: $r = \frac{[1 + (f'(a))^2]^{\frac{3}{2}}}{f''(a)}$

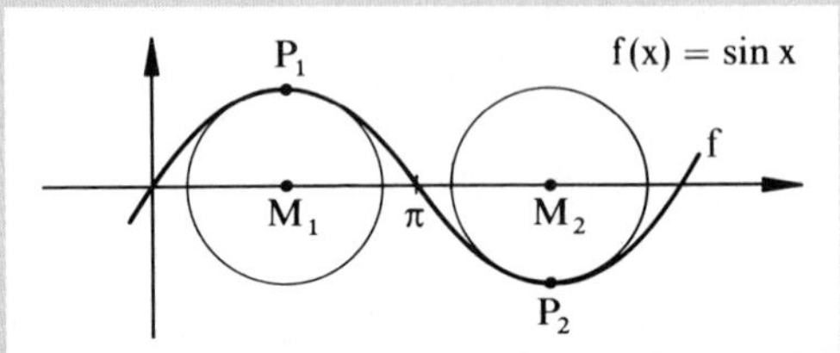

Approximation von Funktionen – Potenzreihen

Näherungsfunktion n-ten Grades von f an der Stelle a:
p_n ist ganzrationale Funktion n-ten Grades mit

$$f(a) = p_n(a), \quad f'(a) = p_n'(a), \quad f''(a) = p_n''(a), \quad \ldots \quad, f^{(n)}(a) = p_n^{(n)}(a)$$

Tangenten sind Graphen linearer Näherungsfunktionen; die Tangenten durch den Wendepunkt sind sogar Graphen quadratischer Näherungsfunktionen.

Reihenentwicklung von MacLAURIN
Näherungsfunktion n-ten Grades für f an der Stelle 0:

$$p_n(x) = f(0) + \frac{f'(0)}{1!} \cdot x + \frac{f''(x)}{2!} \cdot x^2 + \ldots + \frac{f^{(n)}(x)}{n!} \cdot x^n$$

Reihenentwicklung von TAYLOR
Näherungsfunktion n-ten Grades für f an der Stelle a:

$$p_n(x) = f(a) + \frac{f'(a)}{1!}(x - a) + \frac{f''(a)}{2!}(x - a)^2 + \ldots + \frac{f^{(n)}(a)}{n!}(x - a)^n$$

LAGRANGEsches Restglied: Qualität der Abschätzung

$$r_n(x) = f(x) - p_n(x) = \frac{(x-a)^{n+1}}{(n+1)!} f^{(n+1)}(a + \vartheta(x - a)), \quad \text{wobei} \quad 0 < \vartheta < 1$$

Potenzreihen

$$\sin x = \frac{x}{1!} - \frac{x^3}{3!} + \frac{x^5}{5!} - \frac{x^7}{7!} + - \ldots, \qquad x \in \mathbb{R}$$

$$\cos x = 1 - \frac{x^2}{2!} + \frac{x^4}{4!} - \frac{x^6}{6!} + - \ldots, \qquad x \in \mathbb{R}$$

$$e^x = 1 + \frac{x}{1!} + \frac{x^2}{2!} + \frac{x^3}{3!} + \ldots, \qquad x \in \mathbb{R}$$

$$\ln(1 + x) = \frac{x}{1} - \frac{x^2}{2} + \frac{x^3}{3} - \frac{x^4}{4} + - \ldots, \qquad |x| \le 1$$

$$\frac{1}{1 + x} = 1 - x + x^2 - x^3 + - \ldots, \qquad |x| < 1$$

$$\frac{1}{1 + x^2} = 1 - x^2 + x^4 - x^6 + - \ldots, \qquad |x| < 1$$

$$(1 + x)^k = 1 + \binom{k}{1}x + \binom{k}{2}x^2 + \binom{k}{3}x^3 + \ldots, \qquad |x| < 1$$

$$\frac{1}{\sqrt{1 + x}} = 1 - \frac{1}{2}x + \frac{3}{8}x^2 - \frac{5}{16}x^3 + \frac{35}{128}x^4 - + \ldots, \qquad |x| < 1$$

$$\tan x = x + \frac{1}{3}x^3 + \frac{2}{15}x^5 + \frac{17}{315}x^7 + \ldots, \qquad |x| < \frac{\pi}{2}$$

$$\arctan x = \frac{x}{1} - \frac{x^3}{3} + \frac{x^5}{5} - \frac{x^7}{7} + - \ldots, \qquad |x| \le 1$$

$$\arcsin x = \frac{x}{1} + \frac{1}{2} \cdot \frac{x^3}{3} + \frac{1 \cdot 3}{2 \cdot 4} \cdot \frac{x^5}{5} + \frac{1 \cdot 3 \cdot 5}{2 \cdot 4 \cdot 6} \cdot \frac{x^7}{7} + \ldots, \qquad |x| \le 1$$

$$\sinh x = \frac{x}{1!} + \frac{x^3}{3!} + \frac{x^5}{5!} + \ldots, \qquad x \in \mathbb{R}$$

$$\cosh x = 1 + \frac{x^2}{2!} + \frac{x^4}{4!} + \ldots, \qquad x \in \mathbb{R}$$

Näherungsverfahren zur Berechnung von Nullstellen

Sekantenverfahren (Regula falsi)

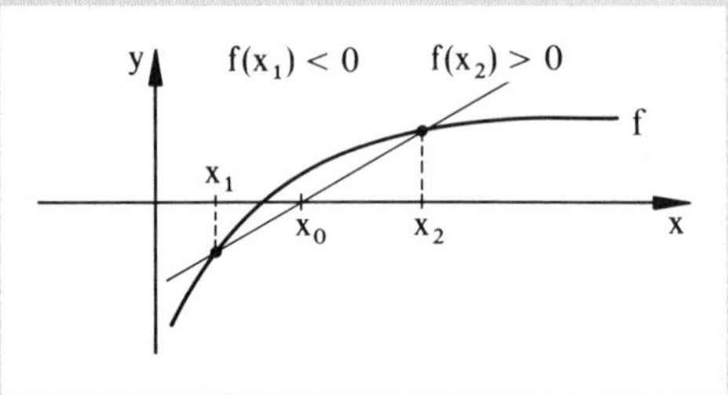

$$x_0 = x_1 - f(x_1)\frac{x_2 - x_1}{f(x_2) - f(x_1)}$$

Falls $f(x_0) > 0$, setze $x_2 := x_0$,
Falls $f(x_0) < 0$, setze $x_1 := x_0$.

Tangentenverfahren (NEWTON)

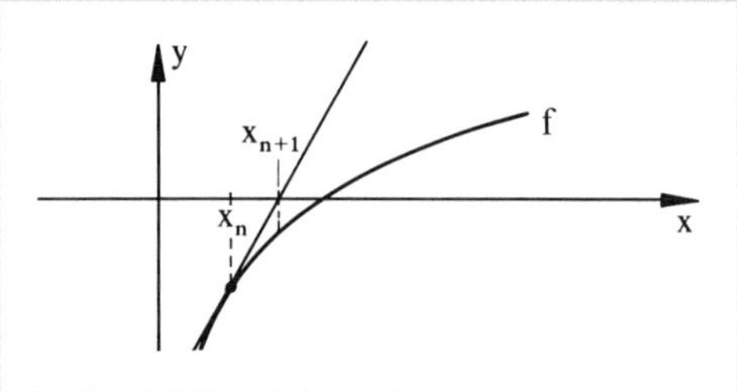

$$x_{n+1} = x_n - \frac{f(x_n)}{f'(x_n)}, \qquad n \in \mathbb{N}$$

Allgemeines Iterationsverfahren

(1) Suche a, b so, daß f(a), f(b) verschiedene Vorzeichen haben.

(2) Forme $f(x) = 0$ um: $x = g(x)$.

(3) Die rekursiv-definierte Folge $x_{n+1} = g(x_n)$ konvergiert gegen die Nullstelle, falls g′ stetig auf [a; b] und $|g'(x)| < 1$.

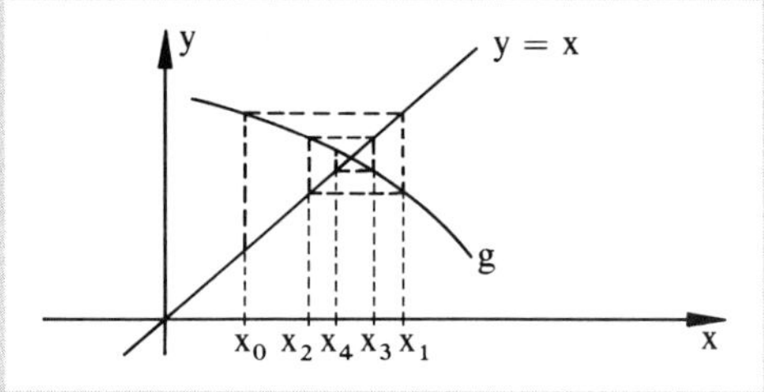

$-1 < g'(x) < 0$

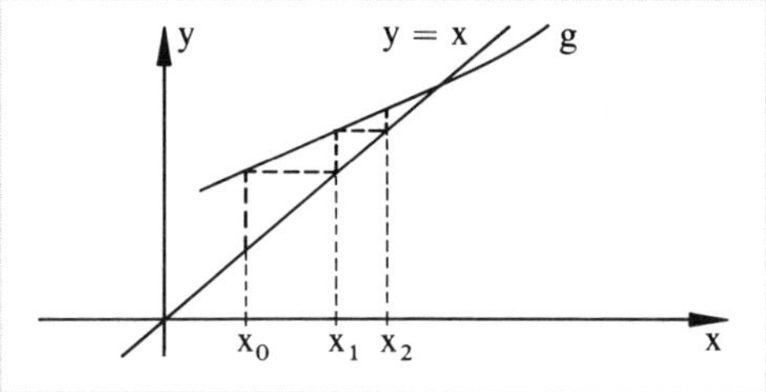

$0 < g'(x) < 1$

Lineare Differentialgleichungen

Differentialgleichung	**Lösung**
$y' = a$	$y = ax + c$
$y' = a \cdot y$	$y = ce^{ax}$
$y' = ay - b^2y^2$	$y = \frac{ca}{cb^2 + (a - cb^2)e^{-at}}$
$y'' = a$	$y = \frac{1}{2}ax^2 + bx + c$
$y'' - a^2y = 0$	$y = be^{ax} + ce^{-ax}$
$y'' + a^2y = 0$	$y = b \sin at + c \cos at$

$a, b, c \in \mathbb{R}$

Integralrechnung

Hauptsatz der Differential- und Integralrechnung

(1) f stetig auf I $\Rightarrow$ $\phi(x) = \int_a^x f(t)\,dt$ ist eine Stammfunktion von f, d. h. $\phi' = f$.

(2) $\int_a^b f(x)\,dx = F(b) - F(a)$ $\left(\text{Schreibweise } F(x)\Big|_a^b\right)$, wobei F eine Stammfunktion von f ist.

Eigenschaften des Integrals

(1) *Änderung der Grenzen*

$\int_a^b f(x)\,dx = \int_a^c f(x)\,dx + \int_c^b f(x)\,dx$ $\qquad$ $\int_a^b f(x)\,dx = -\int_b^a f(x)\,dx$

(2) *Linearität*

$\int_a^b (f+g)(x)\,dx = \int_a^b f(x)\,dx + \int_a^b g(x)\,dx$ $\qquad$ $\int_a^b k \cdot f(x)\,dx = k \cdot \int_a^b f(x)\,dx$

(3) *Abschätzungen*

$f(x) \leq g(x)$ auf $[a; b]$ $\Rightarrow$ $\int_a^b f(x)\,dx \leq \int_a^b g(x)\,dx$

$m \leq f(x) \leq M$ auf $[a; b]$ $\Rightarrow$ $m \cdot (b - a) \leq \int_a^b f(x)\,dx \leq M \cdot (b - a)$

(4) *Mittelwertsatz der Integralrechnung*
f stetig auf $[a; b]$ $\Rightarrow$
Es *existiert* ein $x_0 \in]a; b[$ mit

$$f(x_0) \cdot (b - a) = \int_a^b f(x)\,dx$$

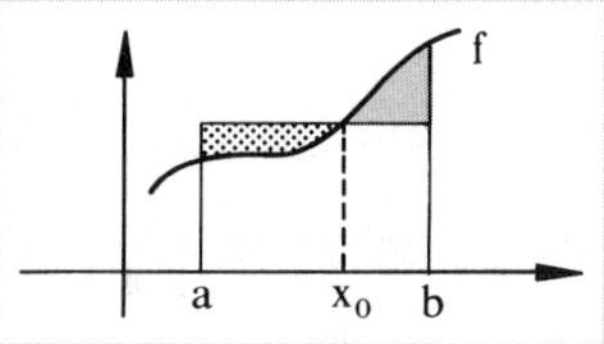

Flächenbestimmung

(1) Fläche zwischen Graph und x-Achse (Nullstellen beachten)

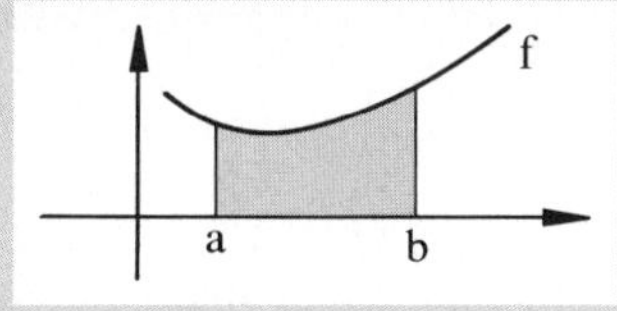

$A = \int_a^b f(x)\,dx$

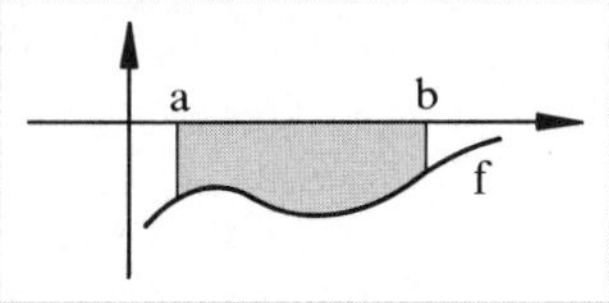

$A = \left|\int_a^b f(x)\,dx\right|$

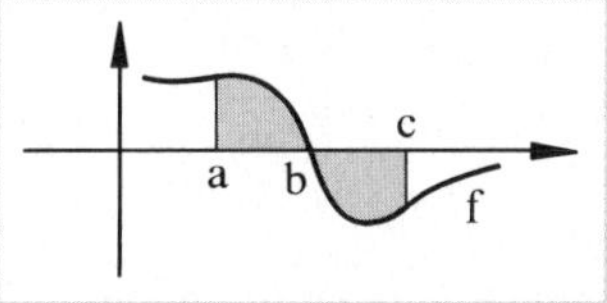

$A = \int_a^b f(x)\,dx + \left|\int_b^c f(x)\,dx\right|$

(2) Fläche zwischen zwei Graphen (Schnittstellen beachten, Nullstellen unwichtig)

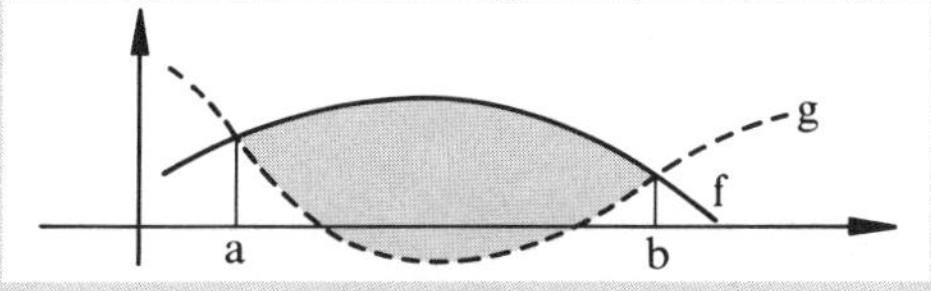

$A = \int_a^b (f(x) - g(x))\,dx$

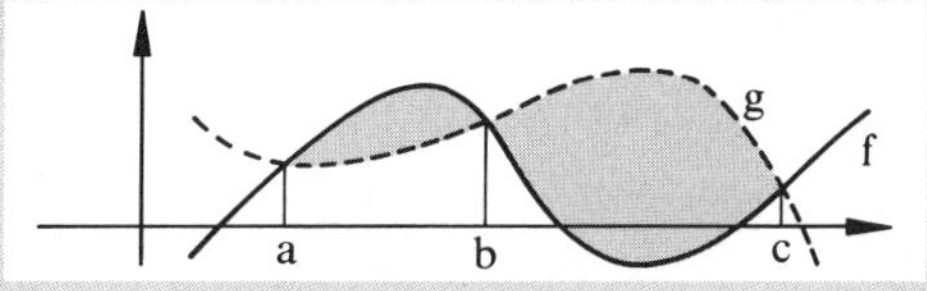

$A = \int_a^b (f(x) - g(x))\,dx + \left|\int_b^c (f(x) - g(x))\,dx\right|$

Integrationsverfahren

(1) **Partielle Integration** (Umkehrung der Produktregel)

$$\int_a^b f'(x) \cdot g(x)\,dx = f(x) \cdot g(x)\Big|_a^b - \int_a^b f(x) \cdot g'(x)\,dx$$

Beispiel: $\int_0^{\frac{\pi}{2}} x \cdot \sin x\,dx;\quad g(x) = x,\quad f'(x) = \sin x \Rightarrow g'(x) = 1,\quad f(x) = -\cos x$

$$\int_0^{\frac{\pi}{2}} x \cdot \sin x\,dx = x \cdot (-\cos x)\Big|_0^{\frac{\pi}{2}} - \int_0^{\frac{\pi}{2}} (-\cos x)\,dx = 0 + \sin x\Big|_0^{\frac{\pi}{2}} = 1$$

(2) **Substitution** (Umkehrung der Kettenregel)

$$\int_a^b (f \circ g)(x) \cdot g'(x)\,dx = \int_{g(a)}^{g(b)} f(z)\,dz$$

Beispiel: $\int_0^1 \sqrt{3x+2}\,dx;\quad f(x) = \sqrt{x},\quad g(x) = 3x + 2 \Rightarrow g'(x) = 3$

$$\int_0^1 \sqrt{3x+2}\,dx = \tfrac{1}{3}\int_0^1 \sqrt{3x+2} \cdot 3\,dx = \tfrac{1}{3}\int_2^5 \sqrt{z}\,dz = \tfrac{1}{3} \cdot \tfrac{2}{3} \cdot z^{\frac{3}{2}}\Big|_2^5$$
$$= \tfrac{2}{9}(\sqrt{125} - \sqrt{8})$$

Sonderfall $f(x) = \frac{1}{x}$:

$$\int_a^b \frac{g'(x)}{g(x)}\,dx = \ln|g(x)|\Big|_a^b$$

Beispiel: $\int_a^b \frac{2x}{x^2+1}\,dx;\quad g(x) = x^2 + 1 \Rightarrow g'(x) = 2x;\quad \int_a^b \frac{2x}{x^2+1}\,dx = \ln(x^2+1)\Big|_a^b$

(3) **Partialbruchzerlegung** bei gebrochen-rationalen Funktionen

Idee: Zerlegung des Nenners in lineare und nicht-zerlegbare quadratische Faktoren.

Beispiele für Ansätze:

Typ 1: $\frac{cx + d}{(x-a)(x-b)} = \frac{A}{x-a} + \frac{B}{x-b}$

Typ 2: $\frac{cx^2 + dx + e}{(x-a)(x-b)^2} = \frac{A}{x-a} + \frac{B}{x-b} + \frac{C}{(x-b)^2}$

Typ 3: $\frac{cx^2 + dx + e}{(x-a)(x^2+b^2)} = \frac{A}{x-a} + \frac{Bx + C}{x^2+b^2}$

Die Koeffizienten A, B, C werden durch einen Koeffizientenvergleich ermittelt.

Beispiel: $\frac{x-1}{(x+1)(x+2)} = \frac{A}{x+1} + \frac{B}{x+2};\ \Rightarrow A = -2,\ B = 3$

$$\int_a^b \frac{x-1}{(x+1)\cdot(x+2)}\,dx = \int_a^b \frac{-2}{x+1}\,dx + \int_a^b \frac{3}{x+2}\,dx = [-2 \cdot \ln|x+1| + 3\ln|x+2|]\Big|_a^b$$

Rotationskörper

Drehung um die x-Achse	Drehung um die y-Achse
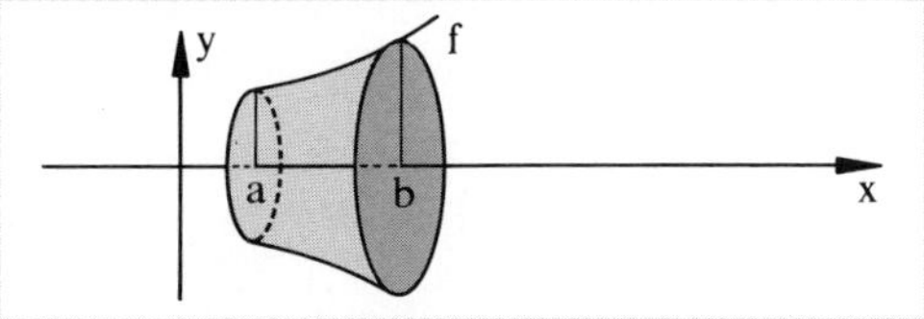	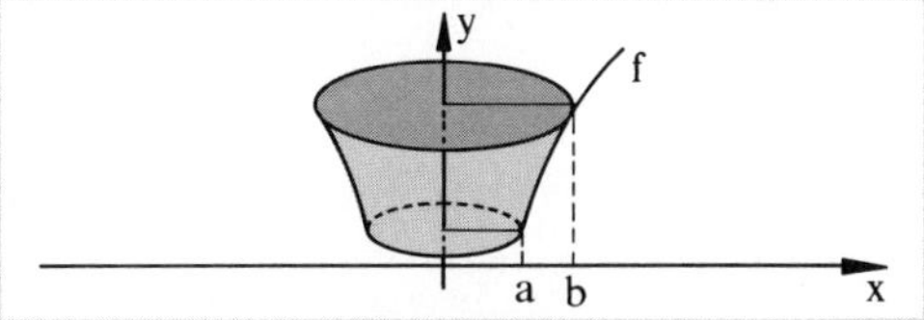

Drehung um die x-Achse

Volumen: $V = \pi \int\limits_a^b f^2(x)\,dx$

Mantel: $M = 2\pi \int\limits_a^b f(x)\sqrt{1 + (f'(x))^2}\,dx$

Drehung um die y-Achse

Volumen: $V = \pi \int\limits_{f(a)}^{f(b)} \bar{f}^2(x)\,dx$

Mantel: $M = 2\pi \int\limits_{f(a)}^{f(b)} \bar{f}(x) \cdot \sqrt{1 + (\bar{f}'(x))^2}\,dx$

Bogenlänge

Länge: $l = \int\limits_a^b \sqrt{1 + (f'(x))^2}\,dx$

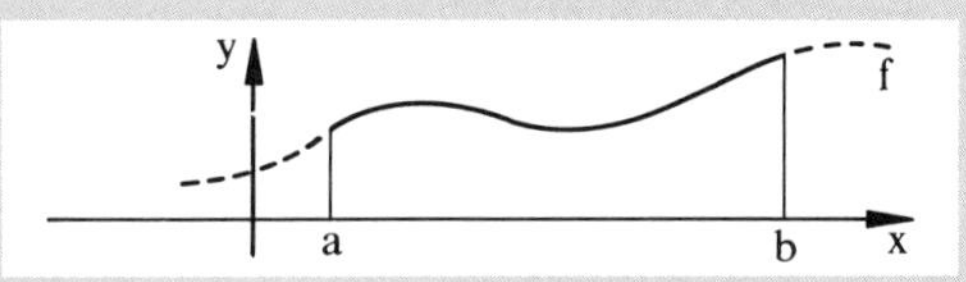

Numerische Integration

Trapezsummenregel

Zerlegung von [a; b] in n gleichlange Teilintervalle.
Ersetzen des Graphen von f durch einen Streckenzug liefert:

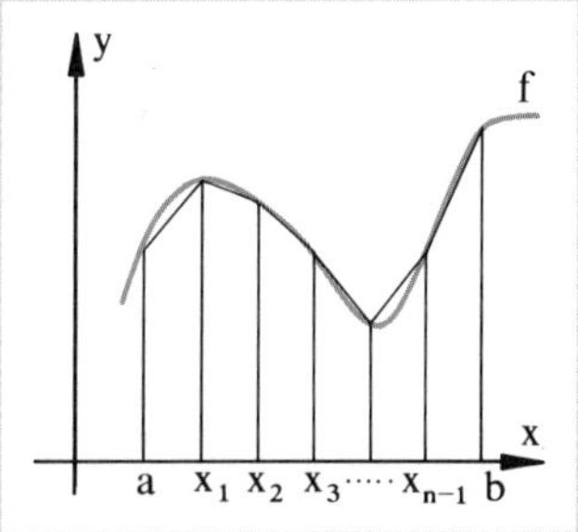

$$\int\limits_a^b f(x)\,dx \approx \frac{b-a}{2n} \cdot (f(a) + 2f(x_1) + 2f(x_2) + \ldots + 2f(x_{n-1}) + f(b)) = T_n$$

Fehlerabschätzung: $\int\limits_a^b f(x)\,dx - T_n = -\frac{f''(\vartheta) \cdot (b-a)^3}{12n^2}$

mit $\vartheta \in [a; b]$

SIMPSONsche Regel

Zerlegung von [a; b] in eine *gerade* Anzahl n gleichlanger Teilintervalle.
Ersetzen des Graphen von f durch Parabelstücke liefert:

$$\int\limits_a^b f(x)\,dx \approx \frac{b-a}{3n} \cdot (f(a) + 4f(x_1) + 2f(x_2) + 4f(x_3) + 2f(x_4) + \ldots + 4f(x_{n-1}) + f(b)) = S_n$$

Fehlerabschätzung: $\int\limits_a^b f(x)\,dx - S_n = -\frac{f^{(4)}(\vartheta) \cdot (b-a)^5}{180\,n^4}$ mit $\vartheta \in [a; b]$

KEPLERsche Faßregel

Sonderfall der SIMPSONschen Regel (2 Teilintervalle, Graph durch Parabel ersetzt):

$$\int\limits_a^b f(x)\,dx \approx \frac{b-a}{6}\left(f(a) + 4f\left(\frac{a+b}{2}\right) + f(b)\right)$$

Vektoren im Anschauungsraum

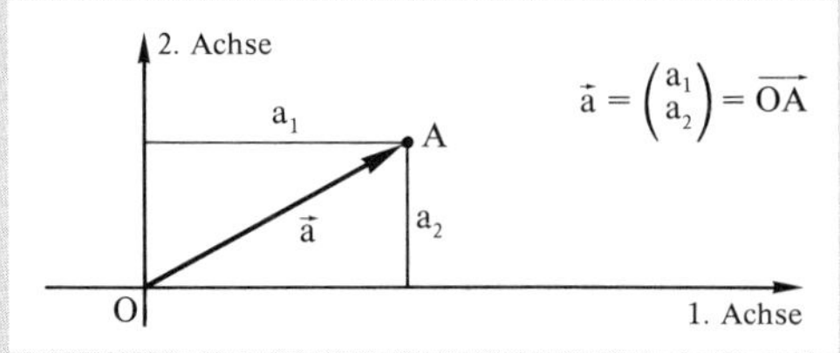

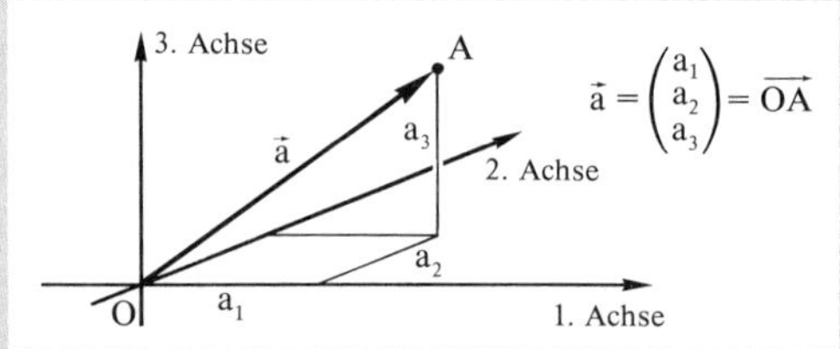

In der Ebene werden Vektoren als Zahlenpaare (Spaltenschreibweise) angegeben.

Im Raum werden Vektoren als Zahlentripel (Spaltenschreibweise) angegeben.

Der Vektor $\vec{a} = \overrightarrow{OA}$ heißt *Ortsvektor* des Punktes A im Koordinatensystem.
a_1, a_2, (a_3) heißen *Komponenten* von $\vec{a}$.

Länge des Vektors $\vec{a}$

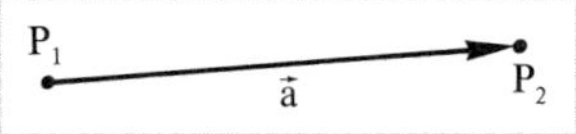

Die Länge des Vektors $\vec{a} = \begin{pmatrix} a_1 \\ a_2 \\ a_3 \end{pmatrix}$ ist

$|\vec{a}| = \sqrt{a_1^2 + a_2^2 + a_3^2}$.

Einheitsvektor

$\vec{e}$ heißt Einheitsvektor, wenn $|\vec{e}| = 1$ gilt.
$\vec{a}^0$ ist der zu $\vec{a}$ gleichgerichtete Einheitsvektor.

Nullvektor

Der Nullvektor $\vec{o} = \begin{pmatrix} 0 \\ 0 \\ 0 \end{pmatrix}$ hat die Länge 0.
Jeder Vektor der Form $\overrightarrow{PP}$ ist Nullvektor.

S-Multiplikation von Vektoren (Multiplikation mit einer reellen Zahl r)

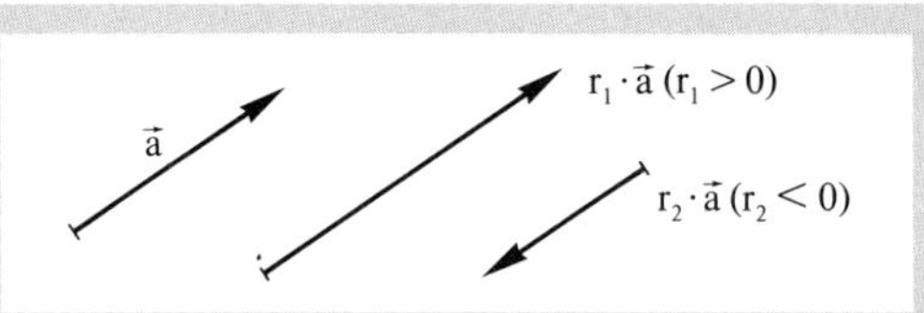

(1) $r > 0$: $r \cdot \vec{a}$ ist der zu $\vec{a}$ gleichgerichtete Vektor der Länge $r \cdot |\vec{a}|$.
(2) $r < 0$: $r \cdot \vec{a}$ ist der zu $\vec{a}$ entgegengesetzt gerichtete Vektor der Länge $|r| \cdot |\vec{a}|$.
(3) $r = 0$: $r \cdot \vec{a} = \vec{o}$

Berechnung: $\vec{a} = \begin{pmatrix} a_1 \\ a_2 \\ a_3 \end{pmatrix}$; $r \cdot \vec{a} = \begin{pmatrix} ra_1 \\ ra_2 \\ ra_3 \end{pmatrix}$. r heißt *Skalar.*

$-\vec{a} = -1 \cdot \vec{a}$ heißt *Gegenvektor* zu $\vec{a}$.

Addition und Subtraktion von Vektoren

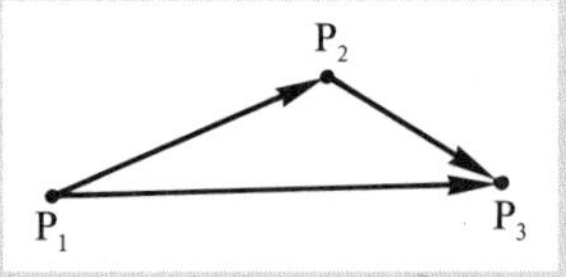

Berechnung: $\vec{a} = \begin{pmatrix} a_1 \\ a_2 \\ a_3 \end{pmatrix}$, $\vec{b} = \begin{pmatrix} b_1 \\ b_2 \\ b_3 \end{pmatrix}$; $\vec{a} \pm \vec{b} = \begin{pmatrix} a_1 \pm b_1 \\ a_2 \pm b_2 \\ a_3 \pm b_3 \end{pmatrix}$

Dreiecksregel: $\overrightarrow{P_1P_3} = \overrightarrow{P_1P_2} + \overrightarrow{P_2P_3}$

Gesetze der Addition und S-Multiplikation

(1) $\vec{a} + \vec{b} = \vec{b} + \vec{a}$
(2) $\vec{a} + (\vec{b} + \vec{c}) = (\vec{a} + \vec{b}) + \vec{c}$
(3) $\vec{a} + \vec{o} = \vec{a}$
(4) $\vec{a} - \vec{b} = \vec{a} + (-\vec{b})$
(5) $r_1 \cdot (r_2 \cdot \vec{a}) = (r_1 \cdot r_2) \cdot \vec{a}$
(6) $(r_1 + r_2) \cdot \vec{a} = r_1 \cdot \vec{a} + r_2 \cdot \vec{a}$
(7) $r \cdot (\vec{a} + \vec{b}) = r \cdot \vec{a} + r \cdot \vec{b}$
(8) $-r \cdot \vec{a} = r \cdot (-\vec{a})$

Mittelpunkt einer Strecke

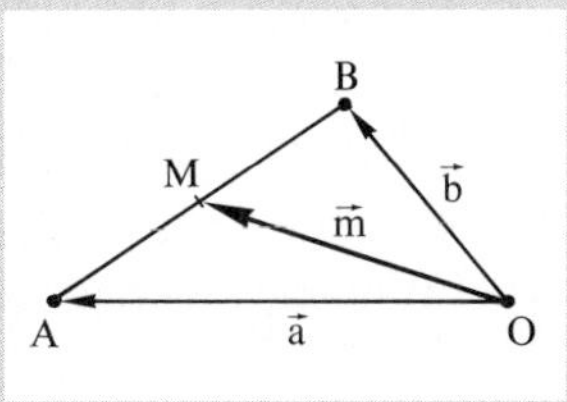

$\vec{m} = \frac{1}{2}(\vec{a} + \vec{b})$

Schwerpunkt eines Dreiecks

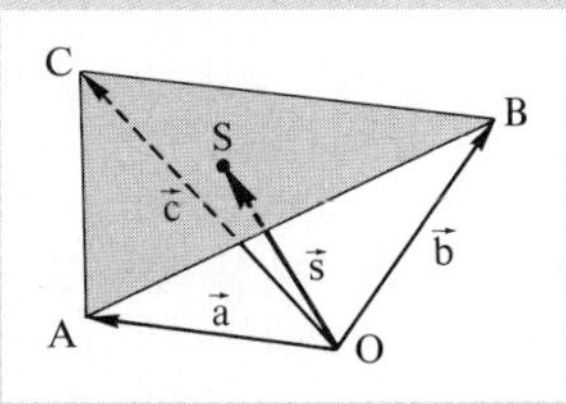

$\vec{s} = \frac{1}{3}(\vec{a} + \vec{b} + \vec{c})$

Linearkombination von Vektoren, kollineare und komplanare Vektoren, Basisvektoren

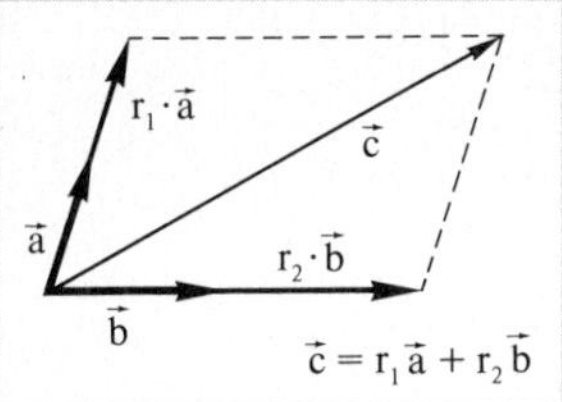

Der Vektor $\vec{c}$ ist dargestellt als *Linearkombination* der Vektoren $\vec{a}$ und $\vec{b}$.

(1) $\vec{a}$ und $\vec{b}$ heißen **kollinear,** wenn ein $r \in \mathbb{R}$ existiert mit $\vec{a} = r \cdot \vec{b}$.

(2) $\vec{a}$, $\vec{b}$ und $\vec{c}$ heißen **komplanar,** wenn es Zahlen $r_1, r_2 \in \mathbb{R}$ gibt mit $\vec{c} = r_1 \cdot \vec{a} + r_2 \cdot \vec{b}$.

Zwei Vektoren heißen *linear unabhängig* voneinander, wenn sie nicht kollinear sind.

Drei Vektoren heißen *linear unabhängig* voneinander, wenn sie nicht komplanar sind. Keiner der drei Vektoren läßt sich dann als Linearkombination der beiden anderen schreiben.

Drei (zwei) voneinander linear unabhängige Vektoren im Raum (in der Ebene) heißen *Basis* des Raums (der Ebene).

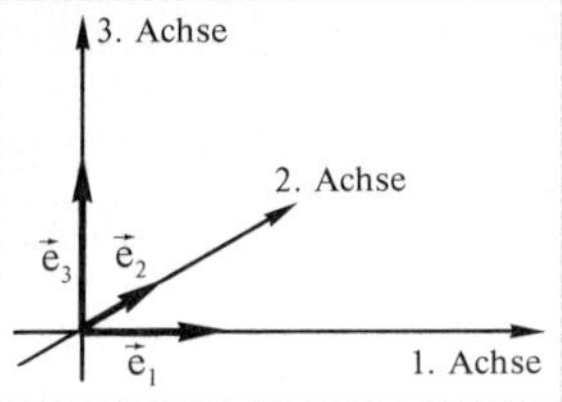

Sind $\vec{e}_1$, $\vec{e}_2$ und $\vec{e}_3$ Einheitsvektoren, deren Repräsentanten auf den Achsen des Koordinatensystems liegen, dann kann jeder Ortsvektor als Linearkombination der Einheitsvektoren aufgefaßt werden:

$$\vec{p} = \begin{pmatrix} p_1 \\ p_2 \\ p_3 \end{pmatrix} = p_1 \cdot \vec{e}_1 + p_2 \cdot \vec{e}_2 + p_3 \cdot \vec{e}_3$$

Skalarprodukt von Vektoren

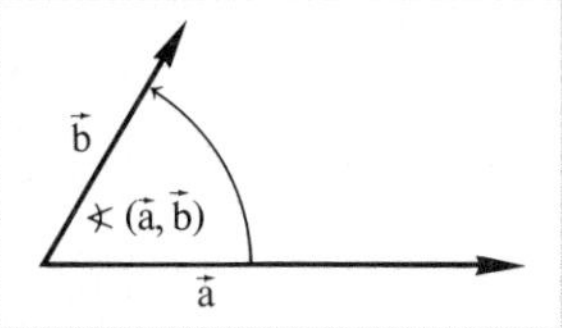

Skalarprodukt der Vektoren $\vec{a} = \begin{pmatrix} a_1 \\ a_2 \\ a_3 \end{pmatrix}$ und $\vec{b} = \begin{pmatrix} b_1 \\ b_2 \\ b_3 \end{pmatrix}$:

$\vec{a} * \vec{b} = a_1 b_1 + a_2 b_2 + a_3 b_3$. Es gilt:

$\vec{a} * \vec{b} = |\vec{a}| \cdot |\vec{b}| \cdot \cos \sphericalangle(\vec{a}, \vec{b})$

(1) Sind $\vec{a}$ und $\vec{b}$ orthogonal zueinander, dann ist $\vec{a} * \vec{b} = 0$.

(2) Gilt $\vec{a} * \vec{b} = 0$, so sind $\vec{a}$ und $\vec{b}$ orthogonal zueinander oder (mindestens) einer der beiden Vektoren ist der Nullvektor.

(3) Sind $\vec{a}$ und $\vec{b}$ gleichgerichtet, dann ist $\vec{a} * \vec{b} = |\vec{a}| \cdot |\vec{b}|$ $\quad ((\vec{a})^2 = \vec{a} * \vec{a} = |\vec{a}|^2)$.

(4) Sind $\vec{a}$ und $\vec{b}$ entgegengesetzt gerichtet, dann ist $\vec{a} * \vec{b} = -|\vec{a}| \cdot |\vec{b}|$.

Gesetze:

$\vec{a} * \vec{b} = \vec{b} * \vec{a}$ $\qquad$ $\vec{a} * (\vec{b} + \vec{c}) = \vec{a} * \vec{b} + \vec{a} * \vec{c}$ $\qquad$ $r \cdot (\vec{a} * \vec{b}) = (r \cdot \vec{a}) * \vec{b}$

Winkel zwischen Vektoren

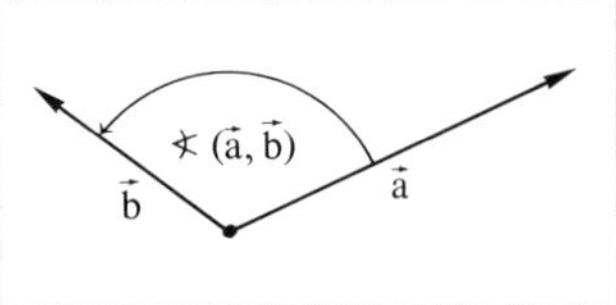

Ist der Winkel zwischen den Vektoren $\vec{a}$ und $\vec{b}$ kleiner oder gleich 180°, so gilt:

$$\cos \sphericalangle(\vec{a}, \vec{b}) = \frac{\vec{a} * \vec{b}}{|\vec{a}| \cdot |\vec{b}|}$$

senkrechte Projektion

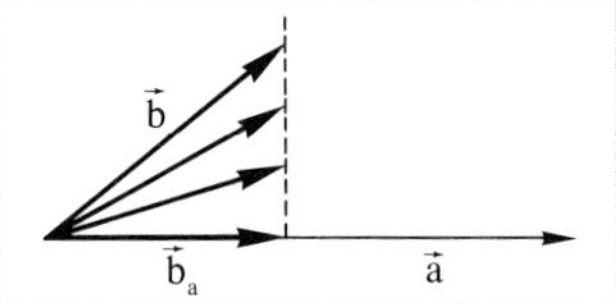

$\vec{b}_a$ heißt die orthogonale Projektion des Vektors $\vec{b}$ auf die Richtung des Vektors $\vec{a}$. Es gilt $\vec{a} * \vec{b} = \vec{a} * \vec{b}_a$.

$$\vec{b}_a = \frac{\vec{a} * \vec{b}}{(\vec{a})^2} \cdot \vec{a}$$

Vektorprodukt von Vektoren

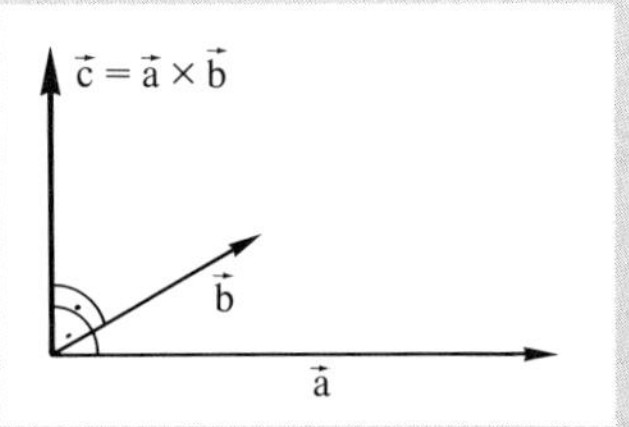

Das Vektorprodukt $\vec{a} \times \vec{b}$ ist der Vektor $\vec{c}$ mit folgenden Eigenschaften:

(1) $\vec{c} \perp \vec{a}$ und $\vec{c} \perp \vec{b}$.

(2) $\vec{a}$, $\vec{b}$ und $\vec{c}$ bilden in dieser Reihenfolge ein *Rechtssystem.*

(3) $|\vec{c}| = |\vec{a}| \cdot |\vec{b}| \cdot \sin \sphericalangle(\vec{a}, \vec{b})$.

Berechnung: $\vec{a} = \begin{pmatrix} a_1 \\ a_2 \\ a_3 \end{pmatrix}$, $\vec{b} = \begin{pmatrix} b_1 \\ b_2 \\ b_3 \end{pmatrix}$; $\quad \vec{a} \times \vec{b} = \begin{pmatrix} a_2 b_3 - a_3 b_2 \\ a_3 b_1 - a_1 b_3 \\ a_1 b_2 - a_2 b_1 \end{pmatrix}$

(1) Sind $\vec{a}$ und $\vec{b}$ orthogonal zueinander, dann gilt $|\vec{a} \times \vec{b}| = |\vec{a}| \cdot |\vec{b}|$.

(2) Für $\vec{a} \neq \vec{o}$ und $\vec{b} \neq \vec{o}$ gilt: $\vec{a} \parallel \vec{b} \Leftrightarrow \vec{a} \times \vec{b} = \vec{o}$

Entwicklungssatz: $(\vec{a} \times \vec{b}) \times \vec{c} = (\vec{a} * \vec{c}) \cdot \vec{b} - (\vec{b} * \vec{c}) \cdot \vec{a}$

Gesetze:

$\vec{a} \times \vec{b} = -(\vec{b} \times \vec{a}) \qquad r \cdot (\vec{a} \times \vec{b}) = (r \cdot \vec{a}) \times \vec{b} \qquad \vec{a} \times (\vec{b} + \vec{c}) = \vec{a} \times \vec{b} + \vec{a} \times \vec{c}$

Spatprodukt von Vektoren

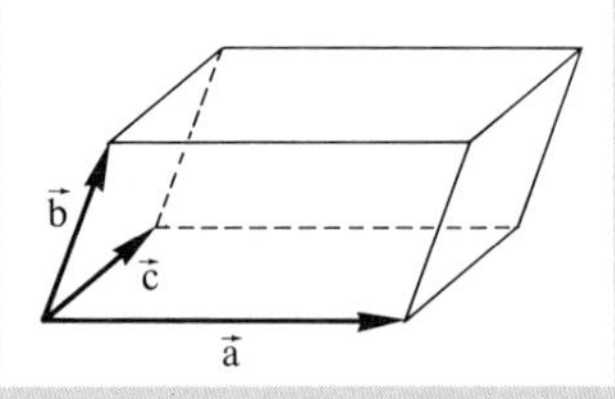

Das Spatprodukt der Vektoren $\vec{a}$, $\vec{b}$ und $\vec{c}$ ist eine reelle Zahl, und zwar das *Volumen* des von ihnen aufgespannten Spats.

$$\begin{aligned} \text{Spatprodukt} \quad (\vec{a}, \vec{b}, \vec{c}) &= (\vec{a} \times \vec{b}) * \vec{c} \\ &= (\vec{b} \times \vec{c}) * \vec{a} \\ &= (\vec{c} \times \vec{a}) * \vec{b} \\ &= -(\vec{b} \times \vec{a}) * \vec{c} \\ &= -(\vec{c} \times \vec{b}) * \vec{a} \\ &= -(\vec{a} \times \vec{c}) * \vec{b} \end{aligned}$$

Vektorielle analytische Geometrie

Parameterdarstellung der Geraden (in der Ebene oder im Raum)

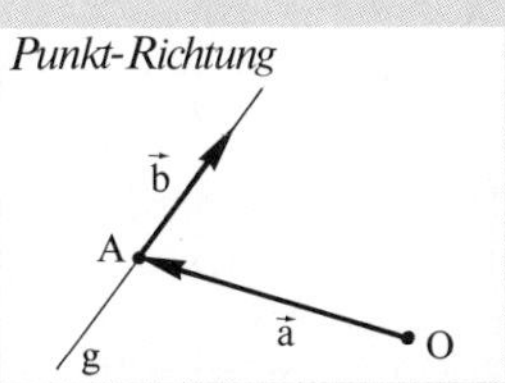

$\vec{x} = \vec{a} + \lambda\vec{b}$ $(\lambda \in \mathbb{R})$ heißt Parameterdarstellung der Geraden g.
$\vec{x}$ wird durch beliebiges reelles λ zum Ortsvektor eines Geradenpunktes.
Zu jedem $P \in g$ existiert ein $\lambda \in \mathbb{R}$, so daß $\vec{x}$ Ortsvektor von P wird.

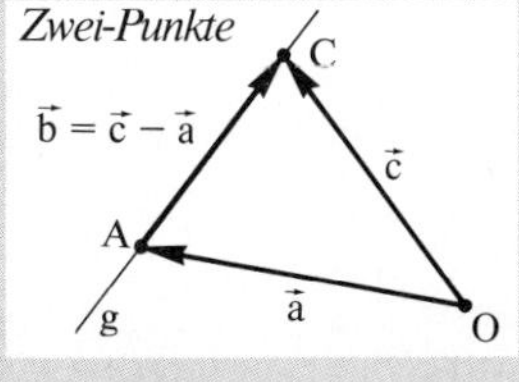

Parallelität von Geraden:
g: $\vec{x} = \vec{a} + \lambda\vec{b}$ und h: $\vec{x} = \vec{c} + \mu\vec{d}$
sind genau dann parallel, wenn ein $r \in \mathbb{R}$ mit $\vec{b} = r \cdot \vec{d}$ existiert. Existiert zusätzlich ein P mit $P \in g$ und $P \in h$, so sind die Geraden g und h identisch.

windschiefe Geraden (im Raum): Geraden heißen windschief zueinander, wenn sie weder parallel sind noch einen Schnittpunkt besitzen. g: $\vec{x} = \vec{a} + \lambda\vec{b}$ und h: $\vec{x} = \vec{c} + \mu\vec{d}$ sind genau dann windschief zueinander, wenn gilt: $(\vec{c} - \vec{a}) * (\vec{b} \times \vec{d}) \neq 0$.

Zugehörigkeit eines Punktes P zur Geraden g (im Raum)
Gegeben ist der Punkt P mit dem Ortsvektor $\vec{p} = \begin{pmatrix} p_1 \\ p_2 \\ p_3 \end{pmatrix}$
und die Gerade g: $\vec{x} = \vec{a} + \lambda\vec{b}$.

$$\left| \begin{array}{l} p_1 = a_1 + \lambda b_1 \\ p_2 = a_2 + \lambda b_2 \\ p_3 = a_3 + \lambda b_3 \end{array} \right|$$

Existiert ein $\lambda \in \mathbb{R}$, das das Gleichungssystem erfüllt, gilt $P \in g$. Andernfalls gilt $P \notin g$.

Schnittpunkt zweier Geraden (im Raum)
g: $\vec{x} = \vec{a} + \lambda\vec{b}$, h: $\vec{x} = \vec{c} + \mu\vec{d}$

$$\left| \begin{array}{l} a_1 + \lambda b_1 = c_1 + \mu d_1 \\ a_2 + \lambda b_2 = c_2 + \mu d_2 \\ a_3 + \lambda b_3 = c_3 + \mu d_3 \end{array} \right|$$

Hat das Gleichungssystem für λ und μ

a) genau eine Lösung, dann haben g und h einen Schnittpunkt.
b) unendlich viele Lösungen, dann sind g und h identisch.
c) keine Lösung, dann existiert kein gemeinsamer Punkt.

Parameterdarstellung der Ebene

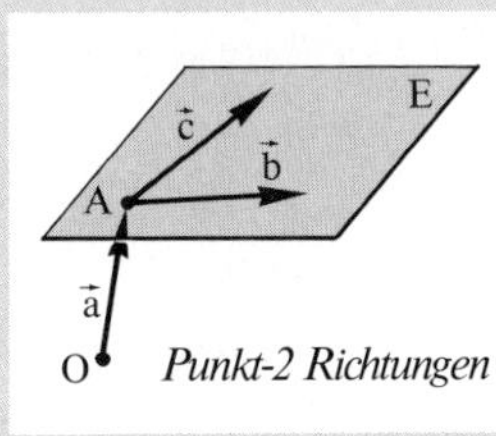

$\vec{x} = \vec{a} + \lambda\vec{b} + \mu\vec{c}$ $(\lambda, \mu \in \mathbb{R})$ heißt Parameterdarstellung der Ebene E.
$\vec{x}$ wird durch beliebige reelle λ und μ zum Ortsvektor eines Ebenenpunktes.
Zu jedem $P \in E$ existiert ein Paar $(\lambda \mid \mu) \in \mathbb{R} \times \mathbb{R}$, so daß $\vec{x}$ Ortsvektor von P wird.

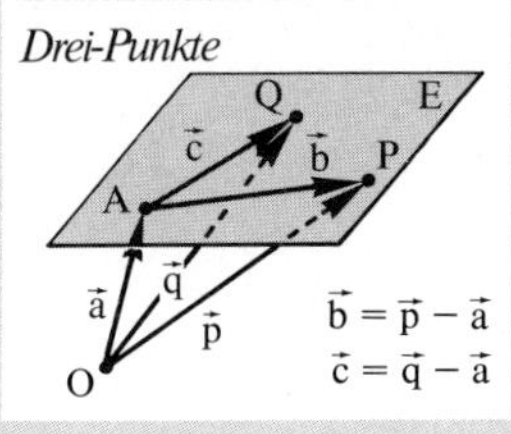

Parallelität von Ebenen: E_1: $\vec{x} = \vec{a} + \lambda_1\vec{b} + \mu_1\vec{c}$ und E_2: $\vec{x} = \vec{d} + \lambda_2\vec{e} + \mu_2\vec{f}$ sind genau dann parallel, wenn es Zahlen $r_1, r_2, r_3, r_4 \in \mathbb{R}$ gibt, so daß $\vec{e} = r_1\vec{b} + r_2\vec{c}$ **und** $\vec{f} = r_3\vec{b} + r_4\vec{e}$. Existiert zusätzlich ein P mit $P \in E_1$ und $P \in E_2$, dann sind die Ebenen identisch.

Koordinatengleichung der Ebene

Die Lösungsmenge einer Gleichung der Form $ax_1 + bx_2 + cx_3 = d$ hat als Graph eine Ebene E. $ax_1 + bx_2 + cx_3 = d$ heißt Koordinatengleichung der Ebene E.

Lage eines Punktes P zur Ebene E

(1) *Gegeben:* E: $ax_1 + bx_2 + cx_3 = d$, $P(p_1 \mid p_2 \mid p_3)$. Gilt $ap_1 + bp_2 + cp_3 = d$, so liegt P in der Ebene E. Andernfalls liegt P nicht in der Ebene E.

(2) *Gegeben:* E: $\vec{x} = \vec{a} + \lambda\vec{b} + \mu\vec{c}$, $P(p_1 \mid p_2 \mid p_3)$.

$$\left| \begin{array}{l} p_1 = a_1 + \lambda b_1 + \mu c_1 \\ p_2 = a_2 + \lambda b_2 + \mu c_2 \\ p_3 = a_3 + \lambda b_3 + \mu c_3 \end{array} \right|$$

Existiert ein Paar $(\lambda \mid \mu) \in \mathbb{R} \times \mathbb{R}$, das das Gleichungssystem erfüllt, liegt P in der Ebene E. Andernfalls liegt P nicht in der Ebene E.

Bestimmung einer Parameterdarstellung aus einer Koordinatengleichung und umgekehrt

E: $ax_1 + bx_2 + cx_3 = d$

(1) Auflösung nach einer Variablen, z. B. x_1, führt auf die Form:

$x_1 = r - px_2 - qx_3$

(2) Eine Parameterdarstellung von E ist dann:

$$\vec{x} = \begin{pmatrix} r \\ 0 \\ 0 \end{pmatrix} + \lambda \begin{pmatrix} -p \\ 1 \\ 0 \end{pmatrix} + \mu \begin{pmatrix} -q \\ 0 \\ 1 \end{pmatrix}$$

E: $\vec{x} = \vec{a} + \lambda\vec{b} + \mu\vec{c}$

(1) Man schreibt die Vektorgleichung als lineares Gleichungssystem:

$$\left| \begin{array}{l} x_1 = a_1 + \lambda b_1 + \mu c_1 \\ x_2 = a_2 + \lambda b_2 + \mu c_2 \\ x_3 = a_3 + \lambda b_3 + \mu c_3 \end{array} \right|$$

(2) Man bestimmt λ und μ aus zwei Gleichungen des Systems, setzt in die dritte Gleichung ein und formt sie um zu $ax_1 + bx_2 + cx_3 = d$.

Normalenvektor, Normalform, HESSEsche Normalform

$\vec{n}$ heißt *Normalenvektor* einer Ebene E, wenn $\vec{n}$ Richtungsvektor eines *Lotes* auf E ist.

Normalform: Ist $\vec{n}$ ein Normalenvektor von E und P ein Punkt in E, so wird E beschrieben durch: $\vec{n} * \vec{x} = \vec{n} * \vec{p}$.
$\vec{n} * \vec{x} = c$ mit $c = \vec{n} * \vec{p}$
heißt Normalform der Ebene E.

HESSEsche Normalform: Ist $\vec{n}^0$ der zum Normalenvektor $\vec{n}$ der Ebene E gehörende Einheitsvektor, so heißt
$\vec{n}^0 * \vec{x} = d$ mit $d = \vec{n}^0 * \vec{p}$ $(P \in E)$
HESSEsche Normalform der Ebene E.

Die Ebene E: $ax_1 + bx_2 + cx_3 = d$
hat $\vec{n} = \begin{pmatrix} a \\ b \\ c \end{pmatrix}$ als Normalenvektor.
Abstand der Ebene vom Ursprung:

$$e = \frac{|d|}{\sqrt{a^2 + b^2 + c^2}}$$

Die Gerade g: $ax_1 + bx_2 = c$
hat $\vec{n} = \begin{pmatrix} a \\ b \end{pmatrix}$ als Normalenvektor.
Abstand der Geraden vom Ursprung:

$$e = \frac{|c|}{\sqrt{a^2 + b^2}}$$

Abstand eines Punktes von einer Ebene (Geraden in der Ebene)

Ist P ein Punkt des Raumes (der Ebene) mit dem Ortsvektor $\vec{p}$ und $\vec{n} * \vec{x} = c$ die Normalform einer Ebene (einer Geraden in der Ebene), so beträgt der Abstand zwischen P und der Ebene (der Geraden in der Ebene):

$$d = \frac{|\vec{n} * \vec{p} - c|}{|\vec{n}|}$$

GAUSSscher Algorithmus

Zur Lösung linearer Gleichungssysteme mit mehr als zwei Variablen kann man den GAUSSschen Algorithmus anwenden. Er stellt eine mehrfache Wiederholung des Additionsverfahrens (siehe S. 6) dar. Die Erläuterung des G. A. erfolgt am Beispiel.

$$\left| \begin{aligned} x_1 + 2x_2 + 4x_3 &= 9 \\ -x_1 - 3x_2 + x_3 &= 2 \\ 3x_1 - x_2 + 2x_3 &= 14 \end{aligned} \right|$$

Eine Gleichung (z. B. die erste) wird „festgehalten" und so multipliziert, daß bei Addition mit den anderen Gleichungen die Variable x_1 eliminiert wird:

$$\begin{aligned} x_1 + 2x_2 + 4x_3 &= 9 \\ -x_1 - 3x_2 + x_3 &= 2 \\ \hline -x_2 + 5x_3 &= 11 \end{aligned} \qquad \begin{aligned} -3x_1 - 6x_2 - 12x_3 &= -27 \\ 3x_1 - x_2 + 2x_3 &= 14 \\ \hline -7x_2 - 10x_3 &= -13 \end{aligned}$$

Die „festgehaltene" Gleichung und die beiden durch Addition entstandenen Gleichungen bilden ein System, das zum gegebenen Gleichungssystem äquivalent ist.

$$\left| \begin{aligned} x_1 + 2x_2 + 4x_3 &= 9 \\ -x_2 + 5x_3 &= 11 \\ -7x_2 - 10x_3 &= -13 \end{aligned} \right|$$

Nun wird eine andere Gleichung (z. B. die zweite) „festgehalten" und so multipliziert, daß bei Addition mit den anderen Gleichungen die Variable x_2 eliminiert wird.

Es ergibt sich nach der Durchführung das äquivalente System:

$$\left| \begin{aligned} x_1 + 14x_3 &= 31 \\ -x_2 + 5x_3 &= 11 \\ x_3 &= 2 \end{aligned} \right|$$

Das Verfahren wird fortgesetzt:

$$\begin{aligned} -14x_3 &= -28 \\ x_1 + 14x_3 &= 31 \\ \hline x_1 &= 3 \end{aligned} \qquad \begin{aligned} -5x_3 &= -10 \\ -x_2 + 5x_3 &= 11 \\ \hline -x_2 &= +1 \end{aligned}$$

$$\left| \begin{aligned} x_1 &= 3 \\ x_2 &= -1 \\ x_3 &= 2 \end{aligned} \right|$$

Der GAUSSsche Algorithmus ist abgeschlossen. Da alle im Laufe des Verfahrens auftretenden Systeme äquivalent sind, ist die Lösungsmenge des ursprünglichen Systems: $L = \{(3 \mid -1 \mid 2)\}$

Verallgemeinerung und Fallunterscheidung

Gegeben ist ein lineares Gleichungssystem mit n Variablen $x_1, x_2, \ldots, x_n$ und k Gleichungen.

I $k < n$: Das Gleichungssystem hat keine Lösung, wenn nach Durchführung des GAUSSschen Algorithmus mindestens eine Gleichung der Form $0 = a$ mit $a \neq 0$ auftritt. Ansonsten hat das System unendlich viele Lösungen (mindestens $n - k$ Variablen können beliebig gewählt werden).

II $k \geq n$: Nach Durchführung des GAUSSschen Algorithmus entsteht ein System S, in dem jede Variable in höchstens einer Gleichung auftritt und jede Gleichung höchstens eine Variable enthält.

A: Findet sich in S mindestens eine Gleichung der Form $0 = a$ mit $a \neq 0$, so hat das ursprüngliche Gleichungssystem keine Lösung.

B: Finden sich in S nur Gleichungen der Form $x_i = a_i$ oder $0 = 0$, dann hat das ursprüngliche Gleichungssystem

α) genau eine Lösung, wenn jede Variable $x_1, x_2, \ldots, x_n$ in S auftritt.

β) unendlich viele Lösungen, wenn mindestens eine der Variablen $x_1, x_2, \ldots, x_n$ nicht in S auftritt. Für nicht auftretende Variablen dürfen beliebige Zahlen eingesetzt werden.

Flächeninhalt eines Dreiecks

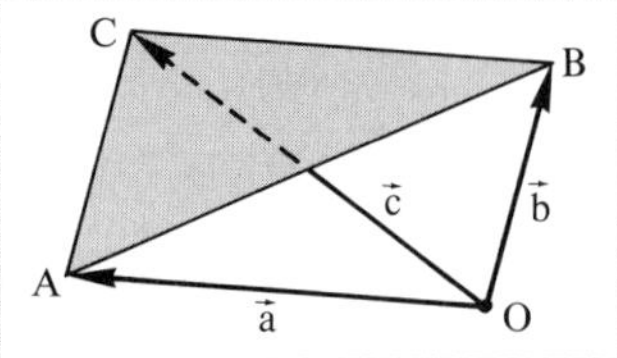

$\overrightarrow{AB} = \vec{b} - \vec{a}$
$\overrightarrow{AC} = \vec{c} - \vec{a}$

$$A = \frac{1}{2}\sqrt{|\overrightarrow{AB}|^2 \cdot |\overrightarrow{AC}|^2 - (\overrightarrow{AB} * \overrightarrow{AC})^2}$$

Volumen eines Tetraeders

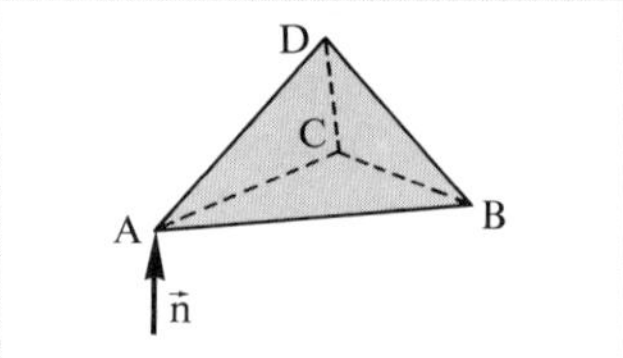

$\vec{n} \perp \overrightarrow{AB}$
$\vec{n} \perp \overrightarrow{AC}$
$\vec{n} \neq \vec{o}$

$$V = \frac{1}{6} \cdot \frac{|\vec{n} * \overrightarrow{AD}|}{|\vec{n}|} \cdot \sqrt{|\overrightarrow{AB}|^2 \cdot |\overrightarrow{AC}|^2 - (\overrightarrow{AB} * \overrightarrow{AC})^2}$$

Kugel und Tangentialebene, Kreis und Tangente in der Ebene

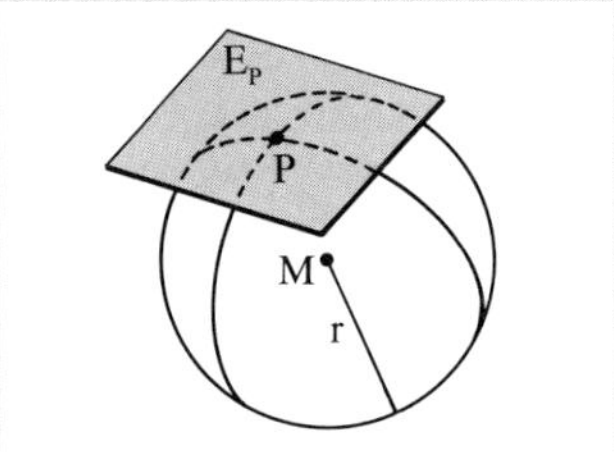

Vektorgleichungen:

Kugel (Kreis):
$(\vec{x} - \vec{m}) * (\vec{x} - \vec{m}) = r^2$

Tangentialebene (Tangente):
$(\vec{x} - \vec{m}) * (\vec{p} - \vec{m}) = r^2$

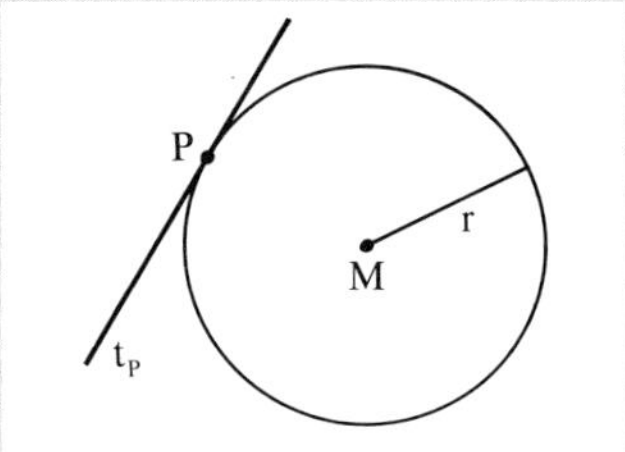

Koordinatengleichungen:

Kugel: $(x_1 - m_1)^2 + (x_2 - m_2)^2 + (x_3 - m_3)^2 = r^2$

Tangentialebene: $(x_1 - m_1)(p_1 - m_1) + (x_2 - m_2)(p_2 - m_2) + (x_3 - m_3)(p_3 - m_3) = r^2$

Kegelschnitte

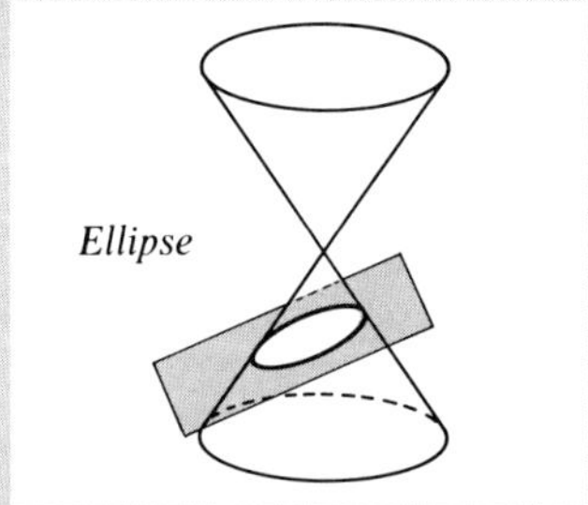

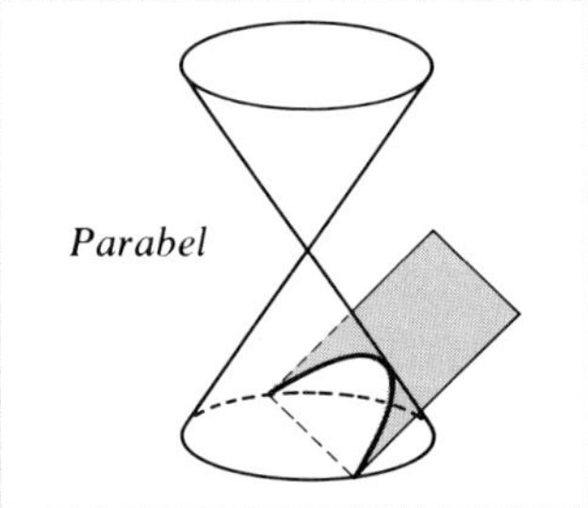

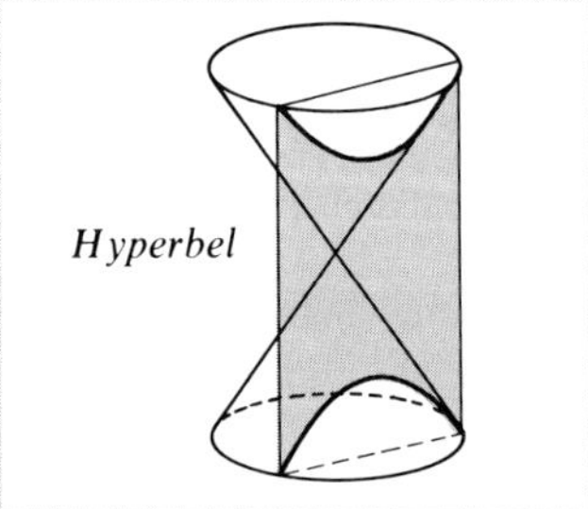

Ellipse

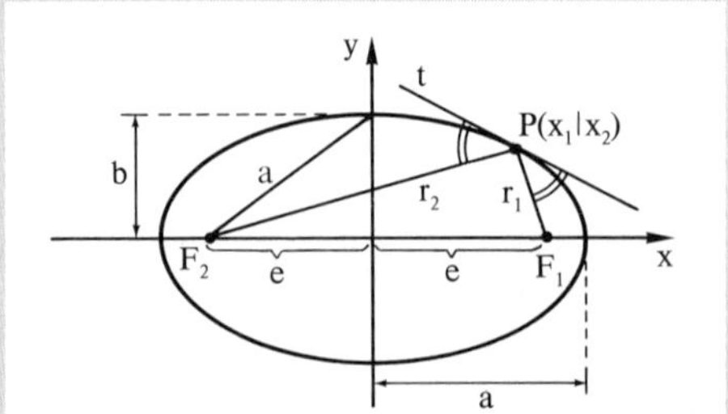

Hyperbel

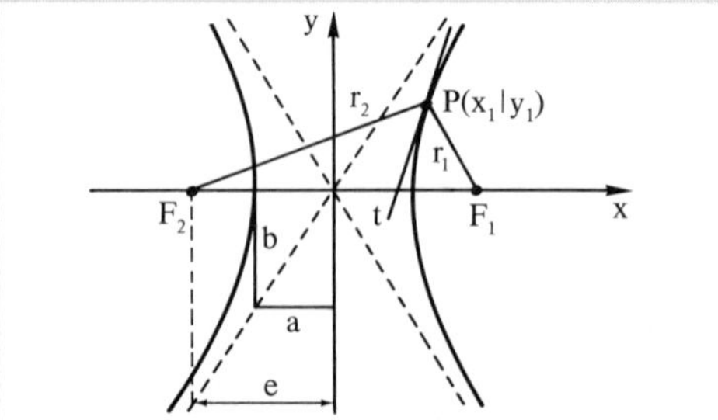

Die Ellipse (Hyperbel) besteht aus den Punkten, die von den *Brennpunkten* F_1 und F_2 dieselbe *Abstandssumme* $r_1 + r_2 = 2a$ (*Abstandsdifferenz* $|r_1 - r_2| = 2a$) haben.

Ellipse und Hyperbel

	Ellipse $[M = (0 \mid 0)]$	Hyperbel $[M = (0 \mid 0)]$
Gleichung des Kegelschnitts	$\frac{x^2}{a^2} + \frac{y^2}{b^2} = 1$	$\frac{x^2}{a^2} - \frac{y^2}{b^2} = 1$
Gleichung der Tangente im Punkt $P(x_1 \mid y_1)$	$\frac{x_1 x}{a^2} + \frac{y_1 y}{b^2} = 1$	$\frac{x_1 x}{a^2} - \frac{y_1 y}{b^2} = 1$
g: $y = mx + n$ ist Tangente, wenn gilt:	$n^2 = a^2 m^2 + b^2$	$n^2 = a^2 m^2 - b^2$
lineare Exzentrizität e	$e = \sqrt{a^2 - b^2}$	$e = \sqrt{a^2 + b^2}$
numerische Exzentrizität ε	$\varepsilon = \frac{e}{a}$ $(\varepsilon < 1)$	$\varepsilon = \frac{e}{a}$ $(\varepsilon > 1)$
Asymptoten	–	$y = \frac{b}{a}x$ und $y = -\frac{b}{a}x$

Parabel

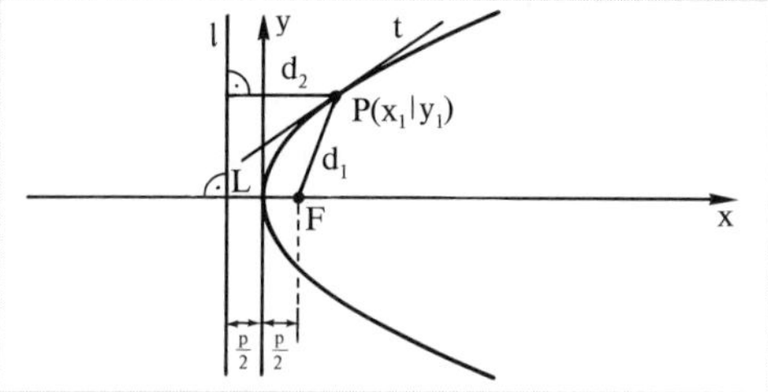

Die Parabel besteht aus den Punkten, die vom *Brennpunkt* F und von der *Leitgeraden* *l* gleich weit entfernt sind.

Parameter p: Abstand des Brennpunkts von der Leitgeraden.

Parabelgleichung: $y^2 = 2px$

Tangentengleichung: Die Tangente t im Punkt $P(x_1 \mid y_1)$ hat die Gleichung $y_1 y = p(x_1 + x)$

Tangentenbedingung: Die Gerade mit der Gleichung $y = mx + n$ ist Tangente der Parabel mit der Gleichung $y^2 = 2px$, wenn gilt: $p = 2mn$.

Brennpunktseigenschaften der Kegelschnitte

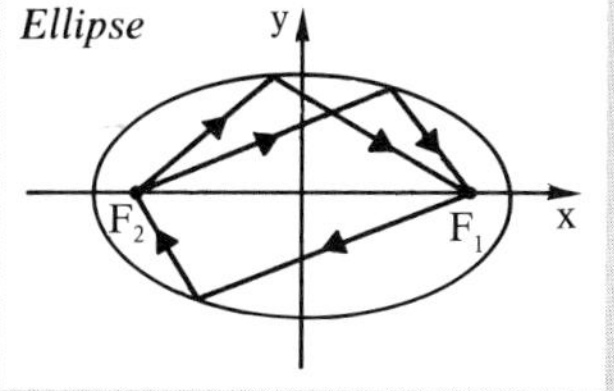

Bei einer Ellipse werden Strahlen, die von einem Brennpunkt ausgehen, so reflektiert, daß sie durch den anderen Brennpunkt gehen.

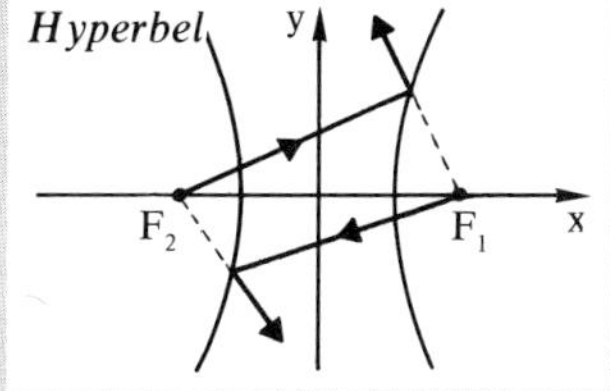

Bei einer Hyperbel werden Strahlen, die von einem Brennpunkt ausgehen, so reflektiert, als würden sie von dem anderen Brennpunkt ausgehen.

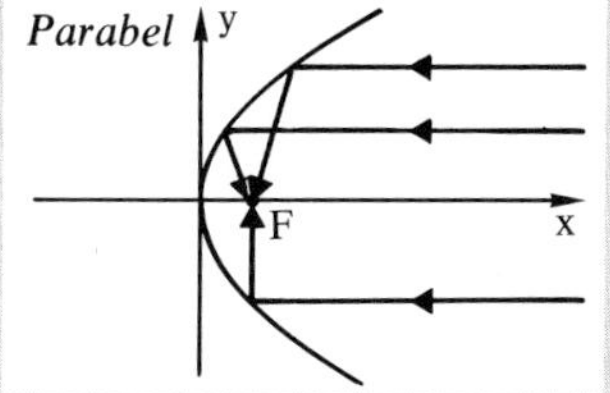

Bei einer Parabel werden alle Strahlen, die parallel zur x-Achse verlaufen, so reflektiert, daß sie durch den Brennpunkt gehen.

Matrizen

$$\mathbf{A} = (a_{ik}) = \begin{pmatrix} a_{11} & a_{12} \dots a_{1n} \\ a_{21} & a_{22} \dots a_{2n} \\ \dots & \dots \dots \dots \\ a_{m1} & a_{m2} \dots a_{mn} \end{pmatrix}$$

a_{ik} ist die Zahl, die in der i-ten Zeile und k-ten Spalte steht. Die nebenstehende Matrix **A** ist eine m, n-Matrix (m Zeilen und n Spalten).

Summe zweier m, n-Matrizen

$$\mathbf{A} + \mathbf{B} = \begin{pmatrix} a_{11} + b_{11} & a_{12} + b_{12} \dots a_{1n} + b_{1n} \\ a_{21} + b_{21} & a_{22} + b_{22} \dots a_{2n} + b_{2n} \\ \dots & \dots \quad \dots \quad \dots \\ a_{m1} + b_{m1} & a_{m2} + b_{m2} \dots a_{mn} + b_{mn} \end{pmatrix}$$

Matrizen können nur addiert werden, wenn sie in der Anzahl der Zeilen und der Anzahl der Spalten übereinstimmen.

Multiplikation mit einer Zahl r ∈ ℝ

$$r \cdot \mathbf{A} = (r \cdot a_{ik}) = \begin{pmatrix} ra_{11} & ra_{12} \dots ra_{1n} \\ ra_{21} & ra_{22} \dots ra_{2n} \\ \dots & \dots \dots \dots \\ ra_{m1} & ra_{m2} \dots ra_{mn} \end{pmatrix}$$

$(-1) \cdot \mathbf{A}$ ist die additiv inverse Matrix zu **A**: $\mathbf{A} + (-1) \cdot \mathbf{A} = \mathbf{0}$

Nullmatrix **0:** alle Elemente sind Null.

Produkt zweier Matrizen

$\mathbf{A} \cdot \mathbf{B}$ kann nur gebildet werden, wenn die Anzahl der Spalten von **A** mit der Anzahl der Zeilen von **B** übereinstimmt. Ist **A** eine m, n-Matrix und **B** eine n, p-Matrix, so ist $\mathbf{A} \cdot \mathbf{B}$ die m, p-Matrix $\mathbf{C} = (c_{ik})$ mit folgender Eigenschaft:

Beispiel:

$$\begin{pmatrix} 2 & 0 \\ \boxed{1 \quad 2} \\ 0 & 1 \end{pmatrix} \cdot \begin{pmatrix} 1 & 0 & \boxed{4} & 1 \\ 2 & 1 & \boxed{3} & 2 \end{pmatrix} = \begin{pmatrix} 2 & 0 & 8 & 2 \\ 5 & 2 & \boxed{10} & 5 \\ 2 & 1 & 3 & 2 \end{pmatrix}$$

$1 \cdot 4 + 2 \cdot 3 = 10$

c_{ik} ist das Skalarprodukt des i-ten Zeilenvektors von **A** mit dem k-ten Spaltenvektor von **B**.

Gesetze der Matrizenrechnung

(1) $\mathbf{A} + \mathbf{B} = \mathbf{B} + \mathbf{A}$

(2) $\mathbf{A} + (\mathbf{B} + \mathbf{C}) = (\mathbf{A} + \mathbf{B}) + \mathbf{C}$

(3) $r_1 \cdot (r_2 \cdot \mathbf{A}) = (r_1 \cdot r_2) \cdot \mathbf{A}$

(4) $r(\mathbf{A} + \mathbf{B}) = r\mathbf{A} + r\mathbf{B}$

(5) $(r_1 + r_2) \cdot \mathbf{A} = r_1 \mathbf{A} + r_2 \mathbf{A}$

(6) $\underbrace{\mathbf{A} + \mathbf{A} + \ldots + \mathbf{A}}_{\text{k Summanden}} = k \cdot \mathbf{A}$

(7) $\mathbf{A} \cdot (\mathbf{B} \cdot \mathbf{C}) = (\mathbf{A} \cdot \mathbf{B}) \cdot \mathbf{C}$

(8) $\mathbf{A} \cdot (\mathbf{B} + \mathbf{C}) = \mathbf{A} \cdot \mathbf{B} + \mathbf{A} \cdot \mathbf{C}$

(9) $(r_1 \mathbf{A}) \cdot (r_2 \mathbf{B}) = r_1 r_2 (\mathbf{A} \cdot \mathbf{B})$

Determinanten

Jeder quadratischen Matrix ist eine reelle Zahl zugeordnet. Sie heißt **Determinante** D.

Der Wert einer Determinante bleibt erhalten, wenn man

(1) Zeilen und Spalten vertauscht.

(2) die Zahlen einer Zeile (Spalte) mit derselben reellen Zahl multipliziert und die jeweiligen Ergebnisse zu den entsprechenden Zahlen einer anderen Zeile (Spalte) addiert.

$$D_2 = \begin{vmatrix} a_{11} & a_{12} \\ a_{21} & a_{22} \end{vmatrix} = + a_{11} \cdot a_{22} - a_{12} \cdot a_{21}$$

$$D_3 = \begin{vmatrix} a_{11} & a_{12} & a_{13} \\ a_{21} & a_{22} & a_{23} \\ a_{31} & a_{32} & a_{33} \end{vmatrix} = + a_{11} \cdot \begin{vmatrix} a_{22} & a_{23} \\ a_{32} & a_{33} \end{vmatrix} - a_{12} \cdot \begin{vmatrix} a_{21} & a_{23} \\ a_{31} & a_{33} \end{vmatrix} + a_{13} \cdot \begin{vmatrix} a_{21} & a_{22} \\ a_{31} & a_{32} \end{vmatrix}$$

Analog werden $D_4, D_5, \ldots, D_n$ „entwickelt“.

Tauscht man zwei Zeilen oder zwei Spalten gegeneinander aus, so wechselt das Vorzeichen der Determinante. Der Betrag bleibt unverändert.

Sind in zwei Zeilen (Spalten) die Quotienten aller entsprechenden Zahlen gleich, dann ist die Determinante die Zahl 0.

Determinantenmethode zur Lösung linearer Gleichungssysteme

Gegeben ist ein lineares Gleichungssystem mit drei Variablen (in gewöhnlicher Form mit drei Gleichungen oder als Matrizengleichung).

$$\left| \begin{array}{l} a_1x_1 + b_1x_2 + c_1x_3 = d_1 \\ a_2x_1 + b_2x_2 + c_2x_3 = d_2 \\ a_3x_1 + b_3x_2 + c_3x_3 = d_3 \end{array} \right| \quad \text{bzw.} \quad \begin{pmatrix} a_1 & b_1 & c_1 \\ a_2 & b_2 & c_2 \\ a_3 & b_3 & c_3 \end{pmatrix} \cdot \begin{pmatrix} x_1 \\ x_2 \\ x_3 \end{pmatrix} = \begin{pmatrix} d_1 \\ d_2 \\ d_3 \end{pmatrix}$$

Seien D, D_a, D_b und D_c die nebenstehenden Determinanten:

$$D = \begin{vmatrix} a_1 & b_1 & c_1 \\ a_2 & b_2 & c_2 \\ a_3 & b_3 & c_3 \end{vmatrix} \quad D_a = \begin{vmatrix} d_1 & b_1 & c_1 \\ d_2 & b_2 & c_2 \\ d_3 & b_3 & c_3 \end{vmatrix} \quad D_b = \begin{vmatrix} a_1 & d_1 & c_1 \\ a_2 & d_2 & c_2 \\ a_3 & d_3 & c_3 \end{vmatrix} \quad D_c = \begin{vmatrix} a_1 & b_1 & d_1 \\ a_2 & b_2 & d_2 \\ a_3 & b_3 & d_3 \end{vmatrix}$$

Gilt $D \neq 0$, hat das Gleichungssystem genau eine Lösung – und zwar das Zahlentripel $(\bar{x}_1, \bar{x}_2, \bar{x}_3)$ mit: $\bar{x}_1 = \frac{D_a}{D}$, $\bar{x}_2 = \frac{D_b}{D}$ und $\bar{x}_3 = \frac{D_c}{D}$.

Ähnlichkeitsabbildungen einer Ebene auf sich selbst

Parallelverschiebung um $\vec{c} = \begin{pmatrix} c_1 \\ c_2 \end{pmatrix}$

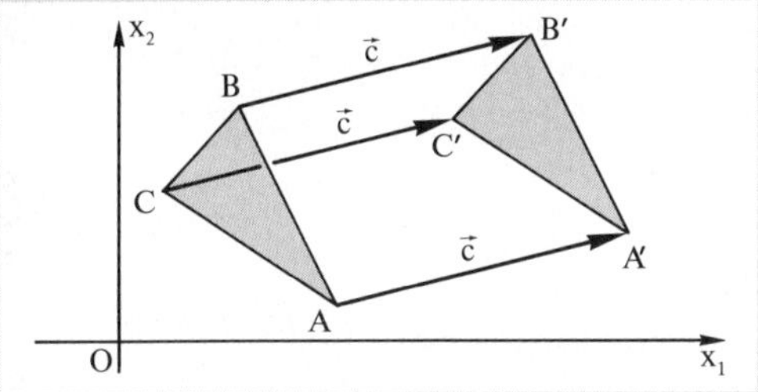

Vektorgleichung: $\begin{pmatrix} x_1' \\ x_2' \end{pmatrix} = \begin{pmatrix} x_1 \\ x_2 \end{pmatrix} + \begin{pmatrix} c_1 \\ c_2 \end{pmatrix}$

Koordinatengleichungen: $x_1' = x_1 + c_1$
$x_2' = x_2 + c_2$

Drehung um den Punkt O, Drehwinkel α

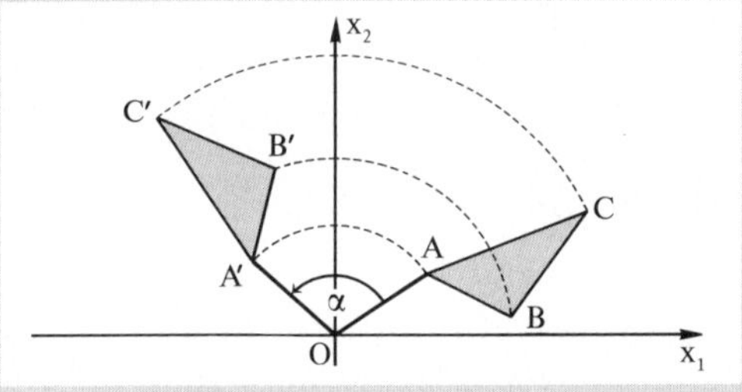

$$\begin{pmatrix} x_1' \\ x_2' \end{pmatrix} = \begin{pmatrix} \cos\alpha & -\sin\alpha \\ \sin\alpha & \cos\alpha \end{pmatrix} \cdot \begin{pmatrix} x_1 \\ x_2 \end{pmatrix}$$

$x_1' = x_1 \cos\alpha - x_2 \sin\alpha$
$x_2' = x_1 \sin\alpha + x_2 \cos\alpha$

Zentrische Streckung, Streckungszentrum O, Streckfaktor k

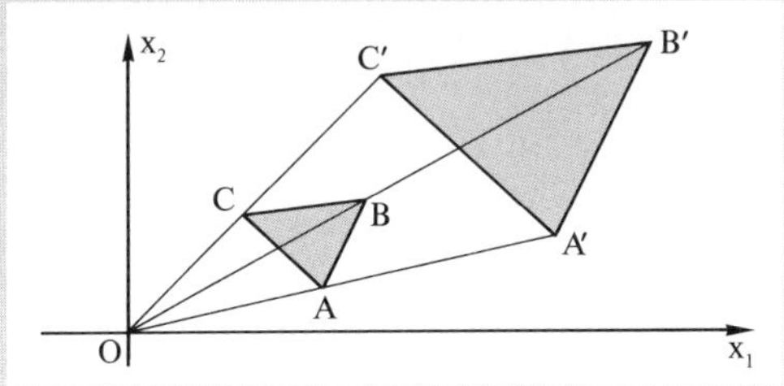

Vektorgleichung: $\begin{pmatrix} x_1' \\ x_2' \end{pmatrix} = k \cdot \begin{pmatrix} x_1 \\ x_2 \end{pmatrix}$

Koordinatengleichungen: $x_1' = k \cdot x_1$
$x_2' = k \cdot x_2$

Die *Verkettung* (Nacheinanderausführung) zweier Kongruenzabbildungen ist eine Kongruenzabbildung. Die Verkettung zweier Ähnlichkeitsabbildungen ist eine Ähnlichkeitsabbildung.

Beispiel: $\begin{pmatrix} x_1' \\ x_2' \end{pmatrix} = k \cdot \left[\begin{pmatrix} \cos\alpha & -\sin\alpha \\ \sin\alpha & \cos\alpha \end{pmatrix} \begin{pmatrix} x_1 \\ x_2 \end{pmatrix} \right]$ ist die Vektorgleichung einer *Drehstreckung* um den Ursprung. Eine Drehstreckung ist eine Ähnlichkeitsabbildung.

Affine Abbildungen der Ebene auf sich selbst

Geraden- und parallelentreue Abbildungen der Ebene auf sich heißen *affine* Abbildungen.

Vektorgleichung: $\begin{pmatrix} x'_1 \\ x'_2 \end{pmatrix} = \begin{pmatrix} a_1 & b_1 \\ a_2 & b_2 \end{pmatrix} \begin{pmatrix} x_1 \\ x_2 \end{pmatrix} + \begin{pmatrix} c_1 \\ c_2 \end{pmatrix}$ wobei $a_1 b_2 \neq a_2 b_1$

Koordinatengleichungen: $x'_1 = a_1 x_1 + b_1 x_2 + c_1$, $x'_2 = a_2 x_1 + b_2 x_2 + c_2$ wobei $a_1 b_2 \neq a_2 b_1$

Affine Abbildungen erhalten *Anordnung* und *Teilverhältnis* von Punkten auf Geraden.

Axiale affine Abbildungen mit x_1-Achse (x_2-Achse) als Affinitätsachse

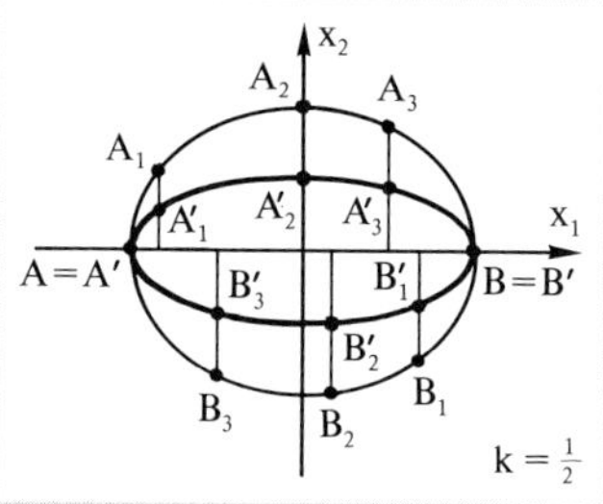

Vektorgleichung: $\begin{pmatrix} x'_1 \\ x'_2 \end{pmatrix} = \begin{pmatrix} 1 & 0 \\ 0 & k \end{pmatrix} \begin{pmatrix} x_1 \\ x_2 \end{pmatrix}$ $k \neq 0$

x_1-Achse ist Affinitätsachse

Vektorgleichung: $\begin{pmatrix} x'_1 \\ x'_2 \end{pmatrix} = \begin{pmatrix} k & 0 \\ 0 & 1 \end{pmatrix} \begin{pmatrix} x_1 \\ x_2 \end{pmatrix}$ $k \neq 0$

x_2-Achse ist Affinitätsachse

Alle Punkte der Affinitätsachse sind Fixpunkte.

Scherung längs der x_1-Achse

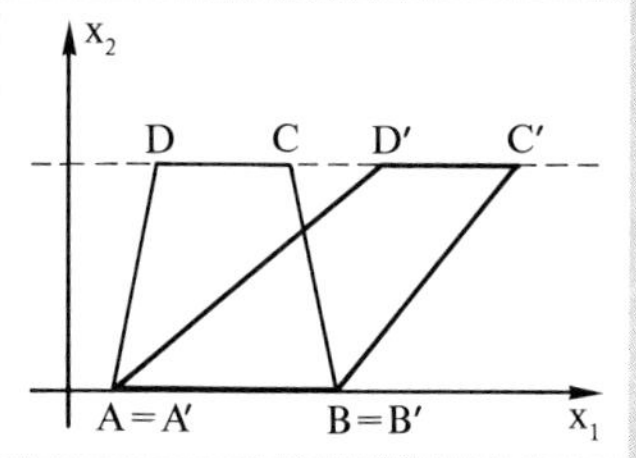

Vektorgleichung: $\begin{pmatrix} x'_1 \\ x'_2 \end{pmatrix} = \begin{pmatrix} 1 & s \\ 0 & 1 \end{pmatrix} \begin{pmatrix} x_1 \\ x_2 \end{pmatrix}$ $s \in \mathbb{R}$

Es gilt:

(1) Alle Punkte der x_1-Achse sind Fixpunkte.

(2) $\overline{PP'} \parallel x_1$-Achse

(3) Wenn $\overline{PQ} \parallel x_1$-Achse, dann ist $PP' = QQ'$.

Algebraische Strukturen

Halbgruppe

Ein Verknüpfungsgebilde $(G, \circ)$ heißt Halbgruppe, wenn gilt:

(1) $a \in G \wedge b \in G \Rightarrow a \circ b \in G$ (Abgeschlossenheit)

(2) $a \circ (b \circ c) = (a \circ b) \circ c$ für alle $a, b, c \in G$ (Assoziativgesetz)

Gruppe

Eine Halbgruppe $(G, \circ)$ heißt Gruppe, wenn zusätzlich gilt:

(3) Es existiert ein $e \in G$, so daß für alle $a \in G$ $a \circ e = e \circ a = a$ (neutrales Element).

(4) Zu jedem $a \in G$ existiert ein $a^{-1} \in G$, so daß $a \circ a^{-1} = a^{-1} \circ a = e$ (inverses Element).

ABELsche Gruppe: Eine Gruppe $(G, \circ)$ heißt kommutativ oder ABELsch, wenn in ihr das Kommutativgesetz gilt: $a \circ b = b \circ a$ für alle $a, b \in G$.

Ring

$(R, \oplus, \odot)$ heißt Ring, wenn gilt:

(1) $(R, \oplus)$ ist eine ABELsche Gruppe.
(2) $(R, \odot)$ ist eine Halbgruppe.
(3) $a \odot (b \oplus c) = (a \odot b) \oplus (a \odot c)$ und $(a \oplus b) \odot c = (a \odot c) \oplus (b \odot c)$ für alle $a, b, c \in R$. (Distributivgesetze)

Körper

$(K, \oplus, \odot)$ heißt Körper, wenn gilt:

(1) $(K, \oplus)$ ist eine ABELsche Gruppe.
(2) $(K \setminus \{e\}, \odot)$ ist eine Gruppe (dabei ist e das neutrale Element der Verknüpfung $\oplus$).
(3) Die Verknüpfung $\odot$ ist gegenüber der Verknüpfung $\oplus$ distributiv [siehe *Ring* (3)].

Ringe bzw. Körper heißen kommutativ, wenn die Verknüpfung $\odot$ kommutativ ist.

Reelle Vektorräume

Eine Menge V (Elemente $\mathfrak{a}, \mathfrak{b}, \mathfrak{c}, \ldots$) heißt *reeller Vektorraum*, wenn für alle Elemente $\mathfrak{a}, \mathfrak{b} \in V$ und alle Zahlen $\lambda, \mu \in \mathbb{R}$ zwei Verknüpfungen $\oplus$ (Vektoraddition) und $\odot$ (S-Multiplikation) mit den folgenden Eigenschaften definiert sind (die Elemente von V heißen Vektoren):

I *Vektoraddition:* $(V, \oplus)$ ist eine ABELsche Gruppe.

II *S-Multiplikation:*
(1) $\lambda \odot (\mu \odot \mathfrak{a}) = (\lambda \cdot \mu) \odot \mathfrak{a}$
(2) $(\lambda + \mu) \odot \mathfrak{a} = (\lambda \odot \mathfrak{a}) \oplus (\mu \odot \mathfrak{a})$
(3) $\lambda \odot (\mathfrak{a} \oplus \mathfrak{b}) = (\lambda \odot \mathfrak{a}) \oplus (\lambda \odot \mathfrak{b})$

Linearkombination: Seien $\mathfrak{a}_1, \mathfrak{a}_2, \ldots, \mathfrak{a}_n$ Elemente aus V und $r_1, r_2, \ldots, r_n$ Elemente aus $\mathbb{R}$, so heißt $\mathfrak{b} = (r_1 \odot \mathfrak{a}_1) \oplus (r_2 \odot \mathfrak{a}_2) \oplus \ldots \oplus (r_n \odot \mathfrak{a}_n)$ eine Linearkombination der Vektoren $\mathfrak{a}_1, \mathfrak{a}_2, \ldots, \mathfrak{a}_n$.

Lineare Abhängigkeit und Unabhängigkeit: Die Vektoren $\mathfrak{a}_1, \mathfrak{a}_2, \ldots, \mathfrak{a}_n$ heißen *linear abhängig*, wenn der Nullvektor $\mathfrak{o}$ als Linearkombination von $\mathfrak{a}_1, \mathfrak{a}_2, \ldots, \mathfrak{a}_n$ dargestellt werden kann und nicht alle r_i dieser Darstellung die Zahl 0 sind. Ist eine solche Darstellung nicht möglich, so heißen die Vektoren $\mathfrak{a}_1, \mathfrak{a}_2, \ldots, \mathfrak{a}_n$ *linear unabhängig*.

n-dimensionaler Vektorraum

Ein Vektorraum heißt n-dimensional, wenn es n linear unabhängige Vektoren aus V gibt, so daß jeder Vektor aus V als Linearkombination dieser n Vektoren geschrieben werden kann.

Skalarprodukt im Vektorraum

Eine Verknüpfung $*$ im Vektorraum V heißt *Skalarprodukt*, wenn gilt:

(1) $\mathfrak{a} * \mathfrak{b} \in \mathbb{R}$
(2) $\mathfrak{a} * \mathfrak{b} = \mathfrak{b} * \mathfrak{a}$
(3) $\mathfrak{a} * (\mathfrak{b} \oplus \mathfrak{c}) = (\mathfrak{a} * \mathfrak{b}) \oplus (\mathfrak{a} * \mathfrak{c})$
(4) $(r_1 \odot \mathfrak{a}) * (r_2 \odot \mathfrak{b}) = (r_1 \cdot r_2) \cdot (\mathfrak{a} * \mathfrak{b})$ $[r_1, r_2 \in \mathbb{R}]$
(5) $\mathfrak{a} * \mathfrak{a} > 0$ für alle $\mathfrak{a} \neq \mathfrak{o}$

Komplexe Zahlen

$\mathbb{C} = \{z \mid z = a + ib;\ a, b \in \mathbb{R}\}$

i = imaginäre Einheit, $i^2 = -1$

a = Realteil von z

b = Imaginärteil von z

$a = 0$: z imaginär

$b = 0$: z reell

konjugiert Komplexe: $\bar{z} = a - ib$

Betrag von z: $|z| = \sqrt{a^2 + b^2}$

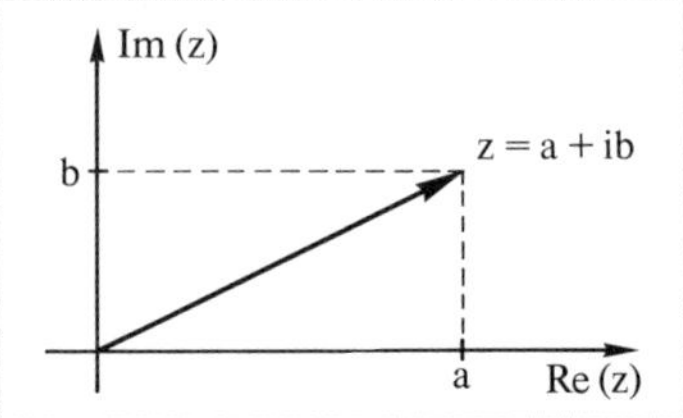

Rechenregeln für $z_1 = a_1 + ib_1,\ z_2 = a_2 + ib_2$

(1) $z_1 \pm z_2 = (a_1 \pm a_2) + (b_1 \pm b_2)i$

(2) $z_1 \cdot z_2 = (a_1 \cdot a_2 - b_1 b_2) + (a_1 b_2 + a_2 b_1)i$

(3) $z_1 : z_2 = \frac{z_1}{z_2} \cdot \frac{\bar{z}_2}{\bar{z}_2} = \frac{a_1 a_2 + b_1 b_2}{a_2^2 + b_2^2} + \frac{a_2 b_1 - a_1 b_2}{a_2^2 + b_2^2} i$

(4) $\overline{z_1 + z_2} = \bar{z}_1 + \bar{z}_2, \quad \overline{z_1 \cdot z_2} = \bar{z}_1 \cdot \bar{z}_2, \quad z \cdot \bar{z} = |z|^2$

Darstellung in Polarkoordinaten

Festlegung durch Länge $r = |z|$ und Richtung (Argument φ)

$z = r(\cos\varphi + i \sin\varphi) = r \cdot E(\varphi)$

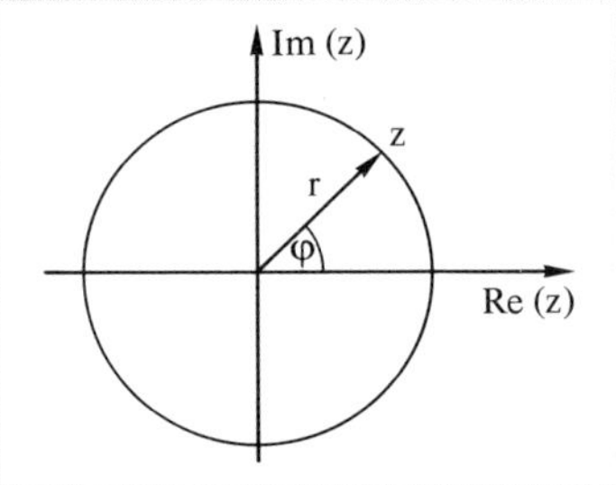

Rechenregeln

(1) $z_1 \cdot z_2 = (r_1 r_2) \cdot E(\varphi_1 + \varphi_2)$

(2) $z_1 : z_2 = \left(\frac{r_1}{r_2}\right) \cdot E(\varphi_1 - \varphi_2)$

(3) $z^n = r^n \cdot E(n\varphi)$ (MOIVREsche Formel)

(4) $E(\varphi) = e^{i\varphi}$ (EULERsche Gleichung)

Kreisteilungsgleichung:

$z^n = 1$ hat die n Lösungen

$e_k = \cos\left(k \cdot \frac{2\pi}{n}\right) + i \sin\left(k \cdot \frac{2\pi}{n}\right), \quad k = 0, 1, \ldots, n-1$ (*n-te Einheitswurzeln*)

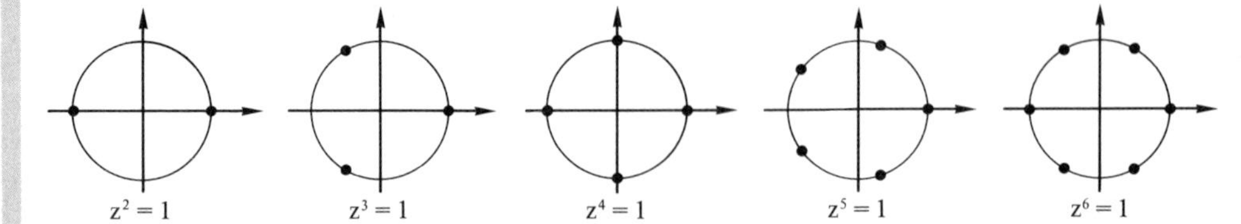

Stichwortverzeichnis